hell**blau**

»MACH'S DOCH EINFACH«

DAS BUCH FÜR DEN ERFOLG

IMPRESSUM

Die Deutsche Bibliothek verzeichnet diese Publikation in der Deutschen Nationalbibliografie. Detaillierte bibliografische Daten sind im Internet unter http://dnb.ddb.de abrufbar. Das Werk und seine Teile sind urheberrechtlich geschützt. Jede Verwertung außerhalb der engen Grenzen des Urheberrechtsgesetzes ist ohne Zustimmung des Verlags unzulässig und strafbar. Das gilt insbesondere für Vervielfältigungen, Übersetzungen, Mikroverfilmungen und die Einspeicherung und Verarbeitung in elektronischen Systemen.

1. Auflage 2017
(Als Erstauflage unter »Steh auf, wenn du am Boden liegst« erschienen)
ISBN: 978-3-937787-57-2

Autor: Frank Busemann
Grafikdesign: Stefanie Kordus, www.verlag-hellblau.de
Copyright: Verlag hellblau. GmbH & Co. KG, Essen, www.verlag-hellblau.de

NEHMEN SIE MICH NICHT BEIM WORT,
ABER DENKEN SIE ÜBER MEINE WORTE NACH.

PROLOG 9

KAPITEL 1
ERMITTLUNG DER AUSGANGSLAGE
1. Selbstwahrnehmung 13
2. Fremdwahrnehmung 15
3. Kennen Sie sich? 15
4. Ein Mann, ein Wort 18

KAPITEL 2
SPORT UND ALLTAG: VIELE PARALLELEN
1. Schärfung des eigenen Bildes 21
2. Der Mehrkämpfer, das vollkommen unvollkommene Wesen 22
3. Die zehn Disziplinen – welche Gattung Sportler sind Sie? 24
4. Übertragung in den Alltag 34

KAPITEL 3
CHANCE DES LEBENS
Vergänglichkeit 39
Training 44
Superkompensation 47
Einzigartigkeit der Chance 53
Die Komfortzone 55

KAPITEL 4
TALENTSUCHE
Voraussetzungen für einen erfolgreichen Lebensweg 67
Gene des Siegers 68
Talent 68
Förderung 69
Antriebskraft Neugier 71
Macht der Erlebnisse 72
Mit kindlicher Leichtigkeit 74

KAPITEL 5
STREBEN NACH GLÜCK

Anerkennung 77
Selbsterfahrung 79
Geld als Antriebsfaktor? 79
Individuelle (Karriere-)Wege 81
Leidenschaft 83

EXKURS
Lebensmotive oder Reiss-ProfileTM 87

KAPITEL 6
PERFEKTION FÜR TOPLEISTUNGEN

Wo ein Ziel ist, ist auch ein Weg 97
Commitment – ein Versprechen mit Gewicht 98
Unvollkommenheit der Liebe 101
Die 79/21-Regel 104
Positive Aspekte erkennen 107
Auch Schwierigkeiten sind Chancen 108

KAPITEL 7
IMPULS: DER SCHLÜSSEL ZUM ERFOLG

Einfach loslegen! 111
Intrinsische Motivation 113
Prinzipien der Selbstverantwortung 114
Körpersprache 115
Selbst das Ziel bestimmen 118
Sein, wo man ist 120
Selbstreflexion 122
Überraschen Sie sich! 124
Jasagen zur Ist-Situation 126

KAPITEL 8
VOM DENKEN ZUM HANDELN: ZIELFORMULIERUNG UND -UMSETZUNG
Die Kunst des Wollens 129
SMARTe Zielformulierung 131
Ziele selbstverantwortlich angehen 133
Zone des Machers 135
Schnelles Handeln ist gefragt 137

KAPITEL 9
ERFOLGSVERHINDERER
Den entscheidenden Schritt wagen 143
Prokrastination oder Was du heute kannst besorgen 144
Training für das Hirn 148
Raus aus der Prokrastinationsfalle 150
Der innere Schweinehund 152
Zeitmanagement 156
Prioritäten setzen 159
Positiver Stress – negativer Stress 164

EXKURS:
ERNÄHRUNG UND BEWEGUNG –
ZWEI ALLTÄGLICHE ERFOLGSFÖRDERER
Ernährung 173
Bewegung 177
Body-Mass-Index 179

KAPITEL 10
EINSTELLUNGSSACHE ODER DER MENTALE VORSPRUNG
Authentizität 183
Pendel des Lebens 186
Sieger zweifeln nie 189
Zweifler siegen nie 191
Selbsterfüllende Prophezeiungen 192

KAPITEL 11
FINDEN SIE IHRE ERFOLGSHEBEL!
Optimist oder Pessimist? 195
Go the extra mile 197
Wagen Sie den Blick zurück 200
Wagen Sie den Blick in die Zukunft 203
Lebe jeden Tag so, als sei es nicht dein letzter 204
Der magische Moment 206

KAPITEL 12
WER ERFOLG WILL, WIRD ERFOLGREICH SEIN
Schwächen kann man kompensieren 211
Was ist Erfolg? 213
Weg des Erfolgs 215
Aufgeben gilt nicht 217

... UND ZUM SCHLUSS
Zehn Tipps für mehr Power 220

DANKE 222

LITERATURTIPPS 223

PROLOG

Gelangweilt kauerte er in seiner Behausung und wusste sich die Zeit nicht recht zu vertreiben. Es war, als warte er auf etwas, das er nicht greifen konnte. Gab es eine Bestimmung für ihn? Wie sah es anderswo aus? Wo war anderswo? Existierte ein anderer Ort als dieser? Ganz tief in seinem Inneren hatte er eine vage Ahnung, dass es noch etwas anderes gab als das hier. Es war wie ein Traum, eine Vision. Aber was waren schon Visionen? Keiner von denen, die sich aufgemacht hatten, war je zurückgekehrt. Sie waren einfach weg. Fort, als wären sie nie da gewesen. Ging es ihnen dort, wo sie nun waren, besser? Er wusste es nicht, nur, dass er eines Tages genau denselben Weg gehen wollte und musste.

Er brauchte nur eine Chance. Diese eine Chance. Dann würde er zugreifen und sie nutzen. Aber was für eine Chance konnte das sein? Immer, wenn die anderen gingen, dann spürte er, dass er doch eigentlich etwas Besonderes war. Die anderen waren einfach schwach. Sie ließen sich gehen und hatten keine Prinzipien. Aber irgendwie waren sie die Gewinner. Sie suchten nach etwas, was er nicht kannte, nur fühlte. Er verweilte aus seiner Sicht schon sehr lange an diesem einen Ort und sah all seine Nachbarn, Weggefährten, Leidensgenossen und Konkurrenten, wie sie sich plötzlich und unerwartet, dabei stets motiviert, davonmachten. Wie durch eine unsichtbare Macht getrieben, verschwanden sie im ewigen Nichts.

Als er seine Gedanken so in die Ferne schweifen ließ, wurde er auf einmal hin und her gerüttelt. Aus allen Ecken kamen Wesen, die im gleichen Antlitz wie er erstrahlten. Er fühlte sich gut. Was haben die, was ich nicht habe? Äußerlich nichts. Na also! Alle waren aufgeregt, befanden sich in dieser Art Aufbruchstimmung, aus der Großes entspringt. Jetzt gab auch er sich endlich einen Ruck. »Lass dich gehen! Was immer es sein mag, lass es geschehen!«

Das Beben wurde heftiger. Aus der Ferne hörte er immer lauter werdende Geräusche. Um ihn herum brachten sich alle in Stellung. Wenn sich gleich das Tor zum Himmel auftat, dann wollte er mit. Aber wartete wirklich das Paradies auf ihn? Das Beben spitzte sich zu, die Geräusche aus der Ferne wandelten sich in Stöhnen, Schreien, Kreischen. Panik machte sich breit. Sein Puls schoss in unbekannte Höhen und er drohte zu zerplatzen. Eine gewaltige Druckwelle erfasste ihn und schleuderte ihn zu Boden. Massen von Weggefährten stürzten über ihn und drohten ihn zu zermalmen. »So gehst du nicht zugrunde!«, schrie er sich Mut zu. »Da wagst du den ersten Schritt vor die Tür und wirst zertreten, weil du nicht zeigst, was du kannst?!« Er versuchte sich aufzurichten und wurde immer wieder niedergerannt. Er kämpfte um sein Leben und verfluchte sich dafür, dass er sich nicht einfach wie zuvor an der Tür seiner Behausung festgeklammert hatte. Aber jetzt gab es kein Zurück mehr. Wutentbrannt nahm er all seine Kraft zusammen und kämpfte sich frei. Er wollte nicht mehr gewöhnlich sein, er wollte aus der Masse herausragen.

Plötzlich ließ die Druckwelle nach und mit einem Mal fühlte er sich leicht und schwerelos. Ein Gefühl von Wärme und Behaglichkeit umströmte ihn. Endlich konnte er sich wieder selbst bewegen. Er rappelte sich auf und mit einer großen Gruppe Überlebender machte er sich auf in Richtung Ungewissheit. Wo würde er jetzt wohnen? Würde er die anderen wiedertreffen? Was erwartete ihn?

Und dann sah er es: Sonnengleich lag ein Koloss von einer Kugel vor ihnen und entfachte die nackte Gier der Anwesenden. Ein Ruck ging durch alle Übriggebliebenen und sie wurden vom Ehrgeiz gepackt. Dies musste das Ziel ihrer beschwerlichen Reise sein. Jetzt musste er noch einmal all seine Kräfte mobilisieren, um auch die letzten Schritte noch zu schaffen. Nun ließ er sich nicht mehr zur Seite drücken. Seine Vision nahm Konturen an.

Er richtete den Blick nach vorn und fokussierte das Objekt seiner Begierde. Auf diesen Moment hatte er hingelebt und jetzt wollte er zuschlagen. Erbarmungslos, konsequent und ohne einen Fehler zu machen. Mit Anlauf nahm er alle Hürden und sprang das letzte Stückchen auf die große Kugel zu. Mit lautem Krachen prallte er von ihr ab. Um ihn herum schossen Konkurrenten am Ziel vorbei. Direkt neben ihm geschah einem Widersacher dasselbe Missgeschick wie ihm, aber auch der ließ sich nicht entmutigen. Er rappelte sich auf. Irgendwo war der Eingang. Irgendwie musste es gehen. Immer wieder suchte er den Weg. Sein Puls zerriss ihm beinahe den Kopf. Jetzt wollte er ernten. Er wollte raus aus seinem Trott. Er kannte seine Talente. Was andere schafften, musste er doch auch können. »Zieh' durch und bring es zu Ende!« Er war in der Form seines Lebens. Alle Zeichen standen auf Erfolg. Sein Kopf war der eines Siegers. Mit letzter Kraft gewann er den Wettlauf gegen Millionen von Konkurrenten.

PROLOG

Endlich hatte es das Spermium bis in die Eizelle geschafft und stach mit dieser kühnen Tat all seine Widersacher aus, die noch eine Zeit lang in der dunklen Brühe schwammen und bald für immer verschwanden.

Eine rasante Zellteilung begann und neun Monate später erblickten wir als Zeugnis unseres eigenen ersten und imposantesten Sieges – gegen 40 bis 600 Millionen Widersacher! – das Licht der Welt. **Folglich ist jeder von uns als Sieger geboren. Lassen wir ihn raus!**

1 ERMITTLUNG DER AUSGANGSLAGE

ERMITTLUNG DER AUSGANGSLAGE

1. SELBSTWAHRNEHMUNG

Vor einiger Zeit saß ich mit einem ehemaligen Fußballnationalspieler nach einem Champions-League-Spiel seines früheren Vereins in einem Hotel. Wir ließen die Partie Revue passieren, tranken etwas und philosophierten über die guten alten Zeiten, als wir beide noch kernig, knackig und spritzig waren. Wir hatten gerade den ersten Schluck genommen, da kam ein Anhänger des besagten Vereins auf uns zu und ich dachte, was alle Leichtathleten denken müssen, die mit einem Exfußballprofi in seiner Stadt, nach »seinem« Spiel einfach so herumsitzen und ein Fan stürmt auf sie zu. Autogramm, Small Talk, Foto, Huldigungen. Ich warte in der Zeit einfach ab, mache meine Apfelschorle einen Kopf kürzer, denke, »Trinken ist gesund«, lasse die beiden palavern, warte, grinse, verabschiede mich freundlich, gehe dann wieder ins abrupt unterbrochene Gespräch und rede weiter über die guten alten Zeiten, als wir noch kernig, knackig und spritzig waren.

Es kam aber ganz anders: Der Fan in Kutte stürmt auf mich (m-i-c-h) zu, haut mir auf die Schulter und schreit freudig erregt:

»Sie sind doch dieser Goldmedaillengewinner!«

»Nein, der bin ich nicht, vom Gewinnen habe ich leider keine Ahnung!«, erwidere ich etwas überrascht.

»Aber doch«, gluckst er, »Olympia hammse doch mitgemacht und abgeräumt!«

»Jau, Olympia, das stimmt, da ich habe ich mitgemacht!«, erwidere ich stolz überrascht. »Er kennt mich!«, denke ich. Der Fußballfan kennt mich! Einen Leichtathleten.

»Hab' ich alles gesehen, als sie die weggeputzt haben. Das war echt großer Sport. Respekt, mein Freund. So liebe ich das. Das ist der Sport, da kannste mitfiebern, dir die Lunge aus dem Leib brüllen. Mein Puls ist da immer auf hundertachtzig und alsse die so geil umgemacht haben, da ging ich ab wie 'ne Rakete. Meine Frau sagt dann immer, dass ich mich beruhigen soll, aber ich liebe das. Sie sind echt 'n Knaller!«

Yeah, er kennt mich wirklich! Und er findet mich super! Hätte er keine Fankutte an, würde ich denken, meine Frau schwärmt von mir. Plötzlich schaut er auf, sieht das Idol dieses Vereins, den ehemaligen Nationalspieler, ich denke, dass sein Blutdruck beim Anblick dieses monumentalen Helden unter den Scheitel knallt und er sagt: »Und Sie? 'tschuldigung, dass ich Sie nicht begrüßt habe, aber ich war so abgelenkt von unserem Olympiastar, dass ich Sie nicht gesehen habe. Ist sonst nicht meine Art, aber Sie machen keinen Sport, oder? Tut mir echt leid, dass ich Sie nicht kenne, aber ich kann nicht jeden kennen. So Granaten wie ihn«, und er klopft mir auf die Schulter, »die kennt man!«

Beckenbauer, Becker, Busemann – die drei großen Bs des Sports. Ich fange an zu träumen. Natürlich weiß ich, dass ich »nur« die Silbermedaille gewonnen und den ganz großen Sieg verpasst habe, aber dann kommt dieser Typ daher und auf einmal denke ich, »Ich bin eben doch ein Weltklasseathlet!« Ich bin's einfach! Der Olympiaheld aus Atlanta! Selbst Fußballfans erkennen mich! Ich fühle mich so gut wie selten in meinem Leben, denke kurz an die versteckte Kamera, genieße aber trotzdem die Huldigung in vollen Zügen. So langsam neigt sich unser Gespräch dem Ende zu, er klopft mir wieder auf die Schulter und sagt: »Das war total klasse, Sie mal kennengelernt zu haben, Herr Baumann!«

So kann das Leben spielen. Da sitzt man einfach so herum, genießt den Abend und sieht sich plötzlich mit einer Situation konfrontiert, die ganz unerwartet zur absoluten Bauchpinselei gerät. Das Bild, das man von sich selbst hat, begibt sich für einen Moment auf einen kühnen Höhenflug und dann wird man jäh auf den Boden der Tatsachen zurückgeholt. Alles innerhalb von Minuten.

Schade, war wohl nichts. Aber der Fan in Kutte hatte mich irgendwie schon mal gesehen. Immerhin.

Und was sagt uns diese Begebenheit? Wir sind, was unsere Selbstwahrnehmung angeht, ganz schön abhängig von dem, was andere uns rückmelden. Das Feedback unseres Umfelds ist wichtig – von mindestens ebenso großer Bedeutung ist aber, was wir selbst, wenn wir ganz tief in uns hineinhorchen, von uns denken und halten. Warum die Schärfung des eigenen Bildes so wichtig ist, verrate ich Ihnen etwas später.

ERMITTLUNG DER AUSGANGSLAGE

2. FREMDWAHRNEHMUNG

Noch leichter als das eigene Bild lässt sich die Vorstellung beeinflussen, die wir von anderen Menschen haben. Man kennt jemanden von irgendwoher und stellt sich genau vor, wie er ist oder bestimmt sein muss. Mir geht es da nicht anders. Wenn ich einem Menschen begegne, den ich zum Beispiel schon unzählige Male auf der Mattscheibe gesehen habe, mache ich mir ein Bild, füge die Mosaikteilchen zu einem Ganzen zusammen und habe das perfekte Abbild des mir fremden Menschen, den ich noch nie persönlich erlebt habe. »Ganz klar, das ist ein Blödmann!«, oder »Mann, der ist genauso nett, wie ich ihn mir vorgestellt habe!« Problem ist nur, dass er oder sie zu diesem Zeitpunkt noch gar nichts gesagt hat. Er oder sie ist nur da.

Und das funktioniert bei jedem beliebigen Menschen. Aus Erscheinung, Erzählungen, Lästereien, Geschichten und Palaver entsteht ein komplettes Bild. Wir kennen nur die äußere Hülle und wenn wir nicht gerade mit ihm oder ihr verheiratet, befreundet oder sonst wie verbandelt sind, dann bleibt es dabei. Um unser Bild zu vervollständigen, müssten wir genau das tun, um ihn näher kennenzulernen. Nun kann man nicht jeden einfach heiraten. Manche sind schon vergeben und nicht jeder ist zum Anbeißen. Anfreunden ist eine Möglichkeit, aber das beruht auch auf Gegenseitigkeit und ist mit Aufwand verbunden. Alles nicht so einfach. Deshalb versuchen wir, mittels vielerlei Erfahrungen aus der Vergangenheit und persönlicher Erlebnisse, Bilder zu vervollständigen und sie dann für wahr zu halten. Dabei meinen wir, alle Fehler, Schwächen und Probleme zu kennen, komplettieren Lücken einfach ganz locker nach Gutdünken, aber bewundern auch außerordentliche Leistungen, indem wir sie auf ein Podest heben und alle Unzulänglichkeiten außer Acht lassen. Also doch alles ganz einfach.

3. KENNEN SIE SICH?

So machen wir es mit anderen und das hat durchaus seine Berechtigung. Aber was ist mit uns selbst? Jetzt seien Sie mal ehrlich. Kennen Sie sich? Natürlich, werden Sie sagen und damit haben Sie natürlich zu einem gewissen Grad auch recht. Sie kennen sich ein Leben lang. Das kann sonst keiner von

Ihnen behaupten. Noch nicht mal Ihre Eltern. Und dennoch ist die Frage, wer man eigentlich ist, gar nicht so leicht zu beantworten. Nähern wir uns der Lösung des Rätsels, indem wir einige gezieltere Fragen stellen. Name, Alter, Geschlecht – kennen wir. Wohnort, Beruf, Hobby – kriegen wir locker auf die Reihe. Geschlecht, Partner, Kinder – schaffen wir (manchmal). Aber vielleicht ist es noch wichtiger, mal zu überlegen, was uns wirklich antreibt. Wie funktionieren wir? Geld, Macht, Gier? Helfen, sorgen, geben? Probieren, erleben, spüren? Es gibt so viele Handlungsmotive, dass man sie nicht auf eine Formel zusammenschrumpfen kann. »Wer bin ich?« ist mit Nennung eines Namens ein Kinderspiel. **Sich selbst wirklich zu kennen, das ist schwer.**

Unter den über sieben Milliarden Menschen auf diesem Planeten ist sicherlich eine Unzahl glücklicher Personen. Es gibt erfolgreiche Menschen, es gibt wohlhabende Menschen, es gibt Milliarden von Individuen, die ein erfülltes Leben führen wollen – und viele tun das auch. Die einen mit viel Geld, die anderen ohne, die nächsten mit vielen Freunden, andere wiederum nur mit sich. Es gibt Adrenalinjunkies und es gibt Couchpotatoes. Es gibt Dichter und es gibt Denker, es gibt Laute, es gibt Leise, Starke, Schwache, Intelligente, Dumme, Runde, Eckige. Und alle haben Lust auf das Leben! Trotzdem laufen viele Gefahr, ein Leben zu führen, wie sie es kennen, und nicht so eins, wie sie es könnten. Uns beeinflussen Erfahrungen, Erlebnisse, Gefühle, Freunde, Feinde, Familie und diese Liste ließe sich unbegrenzt fortführen. Wer oder was wir sind, ist bestimmt durch Gene, Erziehung und Training. Was wir uns aber wirklich wünschen, welche Ziele und Sehnsüchte wir haben – das sind die eigentlich wichtigen Fragen. Und die sind gar nicht so leicht zu beantworten. Da bedarf es schonungsloser Ehrlichkeit sich selbst gegenüber.

Immer wieder reflektieren wir unser eigenes Tun und stellen uns beizeiten infrage. Bei manchen geschieht das aus der Not heraus, bei anderen mit voller Absicht oder aus reinem Interesse. Natürlich ist unsere Selbstwahrnehmung auch stark geprägt durch die Menschen, mit denen wir durchs Leben gehen, und durch deren Feedback. Für meine Frau bin ich der tollste Typ der Welt, für mich selbst bin ich das nur manchmal. In einer Rockergang wäre ich der absolute Weichspüler, da ich noch nicht mal Moped fahren kann, in der Kindergartengruppe meines Sohnes bin ich der coole Alte,

ERMITTLUNG DER AUSGANGSLAGE

der schneller laufen kann als der ungestümste Dreiradfahrer weit und breit. Es ist schon schwer, andere richtig einzuschätzen, aber bei sich selbst ist es noch ungleich schwerer. Verallgemeinern wir bei anderen gern und geben uns mit einem Bruchteil dessen zufrieden, was sie wirklich ausmacht, kommen wir bei uns nur vorwärts, wenn wir ganz tief ins Innere unseres Ichs vordringen. Das geht nur mit ganz viel Ehrlichkeit – die einem bisweilen Erkenntnisse beschert, die man vielleicht nicht wahrhaben will, und die einen entsetzen. Trotzdem kennt einen keiner besser als man selbst. Gedanken und Einstellungen beeinflussen unser Tun und lenken uns auch ohne Worte.

Auch wenn man seine Fähigkeiten nicht gänzlich kennt und eigenes Handeln manchmal verflucht, kann man die Frage, ob man sich selbst kennt, oft ganz gut beantworten. Aber manchmal kommt man einfach an einen Punkt, wo man sich selbst fremd ist. Das kann der Punkt sein, an dem man sich selbst überrascht! Dieses Überraschungsmoment kann Unbehagen auslösen, aber wenn man das eigene (neue) Handeln für gut befunden hat, stellt sich ein angenehmes Gefühl ein. Und manchmal entwickelt sich aus anfänglichem Unbehagen sogar eine ganz neue Lebensqualität.

LERNEN SIE SICH KENNEN!

Nur wer sein Handeln mit seinen eigenen Idealen und Prinzipien abgleicht, der kann langfristig erfolgreich sein. Wer weiß, wie er tickt, der weiß, dass unter Umständen auch ein zweiter Platz so wertvoll sein kann wie ein Sieg. Wer selbst reflexiv die eigenen Fähigkeiten und das eigene Bestreben eingehend analysiert, weiß, wie wichtig ihm ganz persönlich eben das Erreichte ist. Wir müssen uns darüber klar werden, was uns anmacht, was uns wichtig ist und immer wieder erfahren, was wir eher vermeiden sollten oder wie wir mit Rückschlägen umgehen können. Und das erkennen nur diejenigen, die wissen, wie sie ticken.

4. EIN MANN, EIN WORT

Kommen wir nun einmal zu meiner Person. Ich bin einer der derzeit über sieben Milliarden Menschen auf diesem Planeten. Im Vergleich zu anderen bin ich überaus erfolgreich, unglaublich glücklich, verdammt sexy (ich habe meine Frau gefragt) und habe alles, was das Herz begehrt. Im Vergleich zu wieder anderen bin ich genau das Gegenteil. Erfolglos, unglücklich, unansehnlich und mittellos. Sie merken schon. Ein und derselbe Zustand kann in ganz unterschiedlicher Weise interpretiert werden. Der eine ist froh, dass er zu Hause ist, der nächste ist nur glücklich, wenn er die Welt bereisen darf und sich neuen Eindrücken hingeben kann. Der eine findet sein Geld geil, der andere seine Frau. Einer will sich beweisen, der nächste will was beweisen. Was erstrebenswert ist, liegt im Auge des Betrachters.

Ich war im Jahr 1996 Zweiter der Olympischen Spiele im Zehnkampf und im selben Jahr Sportler des Jahres. Ein Olympiasieger wird denken, »Der arme Kerl, der weiß nicht, wie sich Gewinnen anfühlt!« Auch ich habe lange gedacht, dass ich ohne einen großen Sieg nicht von der internationalen Sportbühne abtreten kann. Letzten Endes konnte ich es dann aber doch ganz gut.

Aber wie wurde ich überhaupt zum Sportler? Ich wurde am Tag meiner Geburt im Sportverein angemeldet – die Registrierung beim Standesamt vollzogen meine Eltern erst zwei Tage später. Ob das der Grund meines leidenschaftlichen Sportlerdaseins war, weiß ich nicht, es könnte aber ein Grund gewesen sein. Ich lernte sehr früh die Bewegungsabläufe des Sports kennen und hatte eine hohe Auffassungsgabe. Was mir als Kind gezeigt wurde, setzte ich eins zu eins um. Dieses Phänomen ist ein echtes Wunderwerk der Evolution. Das kindliche Lernen vollzieht sich viel einfacher und spielerischer als das eines Erwachsenen. Aber keine Angst, selbst Erwachsene können noch fremde Sprachen erlernen oder den Ausfall einzelner Extremitäten oder Sinne durch verstärkten Einsatz der übrigen kompensieren.

Nun bin ich jedenfalls der Autor dieses Buchs und ich kann es vorwegnehmen – es zu schreiben hat mir eine Riesenfreude bereitet. Ob Sie mich kennen oder wie Sie mich sehen, sehen möchten oder sehen werden, dass wissen nur Sie. Ich bin nicht der mit der Zahnpasta und schauspielerische Doublequalitäten liegen mir fern. Aber wie kam ich überhaupt dazu, den

ERMITTLUNG DER AUSGANGSLAGE

1

vor ihnen liegenden Text zu verfassen? In meinem bisherigen Leben habe ich viel darüber nachgedacht, warum ich so bin, wie ich bin. Warum bin ich in manchem ehrgeizig und in anderem vollkommen gleichgültig? Warum kämpfe ich für das, was mir wichtig ist, und belaste mich nicht mit dem, was mir unwichtig ist? Diese Fragen möchte ich zusammen mit Ihnen ergründen. Aber es geht nicht darum, dass Sie mich dadurch besser kennenlernen. Sondern darum, dass Sie sich Zeit für sich selbst nehmen und den ein oder anderen Gedankenanstoß aufgreifen.

Im Sport hat sich gezeigt, dass es immer wieder von Vorteil ist, sich auf neue Reize einzulassen. Das soll nicht heißen, dass ich alles weiß und meine Gegner nichts. Es soll aber heißen, dass ich stets mit offenen Augen und Ohren durchs Leben gehe, um neuen Übungen, Ansätzen, Taktiken oder Trainingsinhalten eine Chance geben zu können. Stellen sie sich als unsinnig heraus, kann ich sie immer noch verwerfen. Aber grundsätzlich können Erfahrungen nur bereichern und der eigene Verstand selektiert schlussendlich nach richtig oder falsch. **Die Kenntnis der eigenen Belastungsverträglichkeit oder Reizansprache ist immer von Vorteil.**

Ich kann Ihnen leider nicht sagen, was Sie zu tun oder zu lassen haben, das entscheidet der mündige Athlet beziehungsweise Sportler des Alltags immer selbst. Aber ich kann Ihnen das Versprechen geben, dass ein Blick in eine andere Welt beeindruckende Ansätze vermittelt, die helfen können – ganz gleich, in welche Welt man schaut und aus welchem Blickwinkel dies geschieht.

2
SPORT UND ALLTAG: VIELE PARALLELEN

SPORT UND ALLTAG: VIELE PARALLELEN

1. SCHÄRFUNG DES EIGENEN BILDES

Setzen Sie sich mit sich selbst auseinander und nehmen Sie meine Geschichten und Schilderungen als Denkanstoß. Ich präsentiere Ihnen einen Ansatz, der Sie in allen Bereichen fordert und fördert, und der Sie sowohl in privaten als auch beruflichen Belangen zum Nachdenken bringen wird. Betrachten Sie das Nachdenken als positive Auseinandersetzung mit der eigenen Person und nicht als Infragestellen Ihrer Lebensphilosophie. Wie das Zusammenleben der Menschen auf diesem Planeten gezeigt hat, gibt es kein klares Richtig oder Falsch. Fiese Gestalten können erfolgreich werden, nette Typen ein Schattendasein fristen. Jeder muss den Weg gehen, der ihm richtig scheint, seine Ideale vertreten, wo immer dies möglich ist, und sich den Erfordernissen so weit anpassen, dass er sich bestmöglich positioniert.

In der heutigen Zeit dreht es sich bei alldem nicht mehr um Mammutfleisch und Flucht vor dem Säbelzahntiger, sondern um viel komplexere Themen, wie Wohlstand, Arbeitsplatzsicherung und Gesundheit. Daher gibt es immer mehrere Wege, die zum Erfolg und noch mehr andere, die voraussichtlich ins Gegenteil führen. Dabei geht es stets auch um Wahrscheinlichkeiten. Um reich zu werden, kann ich mit einer guten Idee hart arbeiten oder einen Euro in die Hand nehmen und Lotto spielen … Es gibt also jede Menge Unwägbarkeiten und eine Vielfalt an Auswahlmöglichkeiten. **Dennoch haben sich – ganz besonders für Sport und Beruf – bestimmte Parameter als Erfolgsprinzipien herauskristallisiert. Sie können helfen, eigene Potenziale zu erkennen und optimal zu nutzen.** Und jetzt kommt die alles entscheidende Frage.

SIND SIE EIN MEHRKÄMPFER?

Gehen Sie einige Sekunden in sich und beantworten Sie diese Frage klar mit »Ja« oder »Nein«. Seien Sie konkret und scheuen Sie sich nicht, zu dem zu stehen, was Sie leisten. Überlegen wir einmal gemeinsam: Sagen Sie morgens bei der Arbeit »Guten Morgen«? Dann haben Sie die erste Disziplin schon geschafft: »interaktive, selbst initiierte Kommunikation«. Wenn Sie sich Ihrer Arbeit hingeben und die erste Stunde überstanden haben, ohne dass Sie mit einem Heulkrampf zusammengebrochen sind, danach noch die Verabredung zum Mittagessen mit einem Kollegen eingehalten haben, dann haben Sie auch »fachspezifische, pflichtbewusste Aufgabenerfüllung« und »social commitment« gemeistert. Und wenn Sie diese Kunstwörter kapiert haben, dann haben Sie sogar eine »adaptive Verquickung nicht zusammengehöriger Vorgänge und Wörter« hinbekommen (man könnte auch sagen, Sie sind intelligent). Also? Antwort? Ja! Mehrkämpfer! Willkommen im Club.

2. DER MEHRKÄMPFER, DAS VOLLKOMMEN UNVOLLKOMMENE WESEN

Die Mehrkämpfer des Sports bezeichnen sich gern als die »Könige der Athleten«. Sie können alles, bestehen im Kampf um die Krone nur bei einer ausgewiesenen Vielseitigkeit, und selbst die allerkleinste Schwäche kann sich rächen. Sie müssen ein enormes Vorbereitungspensum leisten. Außer akribischer Arbeit sind stoische Ruhe und viel Geduld erforderlich, da der Körper nicht unbegrenzt belastbar ist, sie diesen aber gern unablässig, bis zur Perfektion, malträtieren würden. Zehnkämpfer haben einen ausgeprägten Hang zum Masochismus, lieben die Verschiebung ihrer Grenzen, gehen über sie hinaus und beißen die Zähne zusammen, wenn ihnen auf ihrem Weg der gut bekannte Partner namens Schmerz begegnet. Sie bestreiten im Jahr maximal drei Wettkämpfe, wobei sie den einen wichtigen auf ein ganz besonderes Podest heben und dem Weg dorthin alles unterordnen. Sie wägen ab zwischen Sinn und Unsinn und leben ihren Sport, als wären sie mit ihm verheiratet. Auf dem Weg zum Wettkampf kontrollieren sie ständig ihren Leistungsstand und verschieben Prioritäten bei Aufdeckung eines Fehlers. Dabei bedienen sie sich eigener Erfahrungen, lassen sich von Trainern lenken und suchen immer wieder neue Ansätze, um die letzten Millisekunden zu verbessern. Dazu bedarf es einer großen Intelligenz, die Erkenntnisse in neue Handlungsstränge umwandelt.

Eine ebenso große Cleverness benötigen Zehnkämpfer am Tag des Wettkampfs. Sie können lediglich zu sehr ausgesuchten Veranstaltungen ihr Potenzial voll entfalten und der Gegnerschaft ihr Leistungsvermögen präsentieren. Kleinste Unsicherheiten werden von den Kontrahenten gnadenlos ausgenutzt. Trotzdem handeln Mehrkämpfer nach der Maxime »Konkurrenz belebt das Geschäft« und gehen im direkten Dialog fair miteinander um. Der Wettkampf findet immer auf zwei Ebenen statt – gegen sich selbst und gegen den Rest. Obwohl der eine die 100 Meter in 10,50 Sekunden sprintet und der andere den Speer fast 80 Meter weit wirft, trennen den Zehnkämpfer im Ziel mitunter nur Wimpernschläge von seinem Widersacher. So perfektioniert jeder seinen ganz persönlichen Weg, schindet sich mit Genuss bis zur Ekstase, nur um diesen einen vollkommenen Zehnkampf hinzulegen, in dem er all das zeigen kann, was er beherrscht. Mehrkämpfer träumen von der Vollkommenheit und sehen ihren Sport als Symbiose von Körper, Geist und Wettkampf. Mehrkämpfer sind sportlich, intelligent und willensstark. Mehrkämpfer sind die Könige der Athleten!

Aber – Zehnkämpfer können zehnmal nichts richtig. Das behaupten zumindest die Spezialisten. »Alles nur so ein bisschen!«, muss sich das adelige Geschlecht des Sports vom gemeinen Fußvolk anhören. Da könnte der Fachmann seiner Disziplin aber sogar fast recht haben. Der 100-Meter-Sprinter bekommt für 10 Sekunden Sport 100.000 Dollar, der Zehnkämpfer für 2 Tage nur einen Bruchteil. Der Spezialist kann jede Woche laufen, der Mehrkämpfer nur alle paar Monate. Bei Weltmeisterschaften stehen die Facharbeiter ihrer Disziplin ganz klar im Fokus des Interesses und der Mehrkämpfer läuft so mit.

Aber am Ende des Tages fühlt sich der Muskelkater eines Mehrkämpfers einfach besser an. Als gewiefter Analytiker könnte man nun den Einwand geltend machen, dass zehnmal mehr Kohle für einen Bruchteil des Aufwands ökonomischer ist, als einen schmerzgepeinigten, verarmten Heldentod zu sterben. Hammse recht! Aber auch der Sprinter ist kein Warmduscher. Der muss für seinen Erfolg (und die monetäre Belohnung) ebenfalls arbeiten. Der Zehnkämpfer ist nur eben ein Extremkaltduscher und hat auch noch Spaß daran. So werden Helden geboren! Auf die Schnauze fliegen, aufstehen, weiterrennen und trotzdem eine Medaille holen. Das schaffen nur Mehrkämpfer. Alles klar?!

3. DIE ZEHN DISZIPLINEN – WELCHE GATTUNG SPORTLER SIND SIE?

»Und was hat das mit mir zu tun?«, werden Sie sich vielleicht fragen. Ganz einfach: Viele Eigenschaften, die den Sportler auszeichnen, braucht man auch im täglichen Leben, sei es beruflich oder privat. Es existieren jede Menge interessante Parallelen zwischen Sport und Alltag und jeder von uns ist sehr viel mehr Sportler, als er vielleicht glaubt. Schließlich geht es bei allem Tun immer irgendwie ums Gewinnen und sei es in Form von Zufriedenheit, Ausgeglichenheit oder Ähnlichem. Und dahin kommt man wiederum, wenn man Liebe, Lust und Leidenschaft für die Sache selbst mitbringt. Anders geht es auch im Sport nicht.

Im Folgenden gebe ich Ihnen eine kurze Übersicht über die zehn Disziplinen des olympischen Zehnkampfs – und liefere Hinweise, welcher Gattung Sportler Sie sich möglicherweise zuordnen können. (Ich verspreche Ihnen allerdings, dass Sie das Sportabzeichen nach der Lektüre nicht leichter schaffen als vorher – dafür muss man dann doch in Form von Muskelaktivität trainieren und nicht in Form von Gehirnakrobatik.) Lesen Sie die folgenden Zeilen einfach aus Ihrer Sicht und werden Sie ein Sportler des Alltags!

» 100 METER

Der Sprinter muss besonders zielorientiert arbeiten. Er hat eine exzellente Gabe, sich auf den Punkt zu konzentrieren. Dabei muss er seine Umwelt ausblenden und mit dem Lauf eins werden. Mir ist es in meiner aktiven Zeit nicht selten passiert, dass ich vor lauter Konzentration die Menschen um mich herum nicht mehr wahr genommen habe und selbst den Namen meiner späteren Freundin und heutigen Frau Katrin nicht mehr ihrer Person zuordnen konnte. Fällt der Schuss, reagiert der Sprinter in bestenfalls elf Hundertstel Sekunden. Forscher haben herausgefunden, dass der Mensch ohne Not in etwa einer Viertelsekunde auf äußere Reize reagiert. In Extremsituationen kann das sehr viel schneller passieren, unter einer Zehntelsekunde schaffte es allerdings selbst der Urzeitmensch nicht, als er – im Angesicht des Todes – dem Säbelzahntiger Auge in Auge gegenüberstand.

Ein Sprinter kann seine Energiereserven blitzartig abrufen und unter höchster Anspannung förmlich explodieren. Dabei ist er kein Choleriker

SPORT UND ALLTAG: VIELE PARALLELEN

2

und verschwendet auch keine Energie für unnütze Dinge. Er hat es gelernt, all seine Entschlossenheit punktgenau und effizient zu nutzen und dabei locker gespannt zu sein. Richtig gelesen: Trotz größter Anspannung ist er entspannt! Nur wer locker bleibt, kann sein komplettes Potenzial abrufen. Anderenfalls verkrampft man, will es eigentlich besser machen, wird aber zusehends schlechter. Die Natürlichkeit geht verloren. **Wer sich verstellt, wird von seinem Gegenüber nicht mehr so wahrgenommen, wie es sinnvoll wäre.**

SIND SIE EIN SPRINTER?

Sprinter sind explosiv, locker gespannt, hoch konzentriert, authentisch und können die Umwelt ausblenden. Wenn Sie also Ihre Aufgaben unglaublich schnell und dabei noch mit Spaß bewältigen, jeder Ablenkung widerstehen können und ganz bei sich sind, dann könnten Sie so einer sein.

» WEITSPRUNG

Der Weitspringer ist zu Beginn seines Versuchs etwa 45 Meter vom Absprungbalken entfernt. Dieser weiße Balken ist nur 20 Zentimeter breit und wird von einer schmalen, hässlich roten Plastilinschicht geschützt. 4.500 Zentimeter zu 20 Zentimeter ist ein enormes Ungleichgewicht, was den Weitspringer aber herausfordert. Er rennt mit einem Steigerungslauf in Richtung Absprung und muss mit maximaler Geschwindigkeit den Balken optimal treffen. Je näher er an die rote Linie auf dem Brett herankommt, desto effektiver ist die Sprungweite. Er muss inmitten der Belastung äußere Einflüsse, wie Windänderungen oder euphorisierendes Zuschauerklatschen, richtig einschätzen und gegebenenfalls in seinen Anlauf einbeziehen. Der Weitspringer muss auf das Wesentliche konzentriert sein und wissen, wie weit er gehen kann.

Dieser Eigenverantwortlichkeit muss er sich aus innerer Überzeugung und mit größtmöglicher Flexibilität stellen. Dabei können ihm kein Trainer, kein Kollege und kein Chef helfen. Änderungen können erst nach dem Versuch gemeinsam besprochen werden. Für einen missglückten Sprung sucht der Athlet keine Ausreden bei anderen. Weder Wind noch Gegner sind dafür verantwortlich, dass er nicht in der Lage war, den Balken zu treffen. Aufgrund seiner Erfahrung und seines guten Gespürs für die Situation weiß der Springer bei voller Geschwindigkeit kurz vor dem Absprung, ob er den Balken trifft. Dabei schaut er nur nach vorn oben und niemals auf den Boden. Glück braucht er nicht. Alles ist punktgenau in Stellung gebracht und er sieht den Sprung als Gesamtbild von Anlauf, Vorbereitung und Absprung.

SIND SIE EIN WEITSPRINGER?

Weitspringer sind auf das Wesentliche konzentriert, handeln eigenverantwortlich, suchen keine Ausreden und sind flexibel. Wenn Sie selbst entscheiden, was für Sie Priorität genießt, zu dem stehen, was Sie verbockt haben, und darüber hinaus auf Probleme in Ihrem Umfeld eine Antwort wissen, dann waren Sie in Ihrem ersten Leben vielleicht ein Weitspringer.

» KUGELSTOßEN

Kugelstoßer wiegen weit über 100 Kilogramm und müssen ihre gesamte Masse hinter die 7,26 Kilogramm schwere Eisenkugel bringen. Isaac Newton wusste schon vor über 350 Jahren, wie das Kugelstoßen funktioniert: Nach dem Axiom »Kraft gleich Masse mal Beschleunigung« nehme man für eine große Weite einen gewichtigen Menschen, der sich möglichst schnell bewegt und schon hat man eine hervorragende Kraft, die die Eisenkugel wie eine Knickerkugel in die Wiese wuchtet. Doch irgendwie sehen diese Athleten wie riesige Teddybären aus, die beim Gehen einschlafen würden, wenn sie nicht gerade im Wettkampf stünden. Kugelstoßer in freier Wildbahn bewegen sich ernüchternd langsam. Einer der besten deutschen Kugelstoßer versuchte dieses Phänomen einmal damit zu erklären, dass große Dinge, die sich genauso schnell bewegen wie kleine Dinge, nur optisch langsamer sind. Kugelstoßer sind tatsächlich kurzzeitig so schnell wie Sprinter! Das scheinbar langsame, behäbige Gehen ist wirklich nur ihrer imposanten Erscheinung geschuldet und sie entpuppen sich schnell als ungeahnt filigran arbeitende Athleten.

2

Von außen sehen Training und Technik eher langweilig, eintönig und wenig spektakulär aus, aber Kugelstoßer müssen in der Umsetzung ihrer Trainingsreize äußerst kreativ sein. Kleine Veränderungen sind schwer zu bewerkstelligen, können aber große Wirkung erzielen. Auf der anderen Seite können Kugelstoßer selbst im letzten Versuch, wenn keiner mehr mit ihnen rechnet, noch richtig einen raushauen. Durch ihre Größe und den geringen Aktionsradius strahlen sie Ruhe aus, die aber nur der äußeren Fassade dient. Innerlich feilen und tüfteln Kugelstoßer ständig an ihrer Technik und sammeln ihre Energie und Wut für den nächsten Versuch.

SIND SIE EIN KUGELSTOSSER?

Kugelstoßer sind kurzzeitig schneller als Sprinter, objektiv stoisch in der Vorbereitung, kreativ im Alltag und die schnellsten am Büfett. Wenn Sie die Mutter der Kompanie sind, morgens Ihre Kinder ruckzuck schulfertig machen oder für Kollegen immer ein wahres Wunder sind, weil Sie ständig unterschätzt werden und sich trotz schwierigster Situationen nie aus der Ruhe bringen lassen, dann ist an Ihnen ein Kugelstoßer verloren gegangen (auch wenn Sie keine 120 Kilogramm wiegen).

» HOCHSPRUNG

Hochspringer sind meist lang und dünn und wurden in der Schule als Bohnenstangen verspottet. Ihr Problem ist, dass sie möglichst viel Kraft in den Beinen haben müssen, aber am besten nichts wiegen sollten. Jedes Kilogramm mehr potenziert sich auf dem Weg nach oben. Daher ist eine unglaubliche Stabilisierung der eigenen Strukturen wichtig, sodass einige Bohnenstangen mit einer 250 Kilogramm schweren Hantel in die Hocke gehen können. Okay, das kann fast jeder – aber Hochspringer kommen auch wieder hoch.

Sie halten enormen Kräften und Belastungen stand und springen nach vorn oben ab, um im Flug die Latte mit dem Rücken zu überqueren. Ein Flop im positiven Sinne. Dabei haben sie das richtige Gespür für die Anforderung und können das Risiko abwägen. Sie handeln nach dem Minimalprinzip, welches besagt, dass sie immer nur so viel investieren, wie es für die entsprechende Höhe nötig ist, und haushalten so mit ihren Ressourcen. Sie wissen, wie sie sich ihre Kräfte einteilen müssen und wachsen in der Belastung über sich hinaus. Sie besitzen die Intelligenz (oder die Zockerqualitäten), in brenzligen Situationen Höhen auszulassen und ihre Kräfte für eine noch höhere Anforderung zu bündeln. Tolle Versuche über niedrige Höhen schüchtern zwar den Gegner ein, entwickeln das Wettkampfergebnis aber nicht unbedingt zu ihren Gunsten. Wartezeiten nutzen Hochspringer, um die Konkurrenz zu beobachten. Dabei behalten sie stets ihr eigenes Ziel im Blick und wenn sie gefordert sind, unternehmen sie topfit ihren Versuch.

SIND SIE EIN HOCHSPRINGER?

Hochspringer können Risiken abwägen, sie wissen, wann sie pokern, bluffen und glänzen müssen. Sie steigern sich mit zunehmendem Druck und empfinden Genugtuung dabei, ihre Sprünge für den jeweils nächsten Abschnitt des Wettkampfs zu optimieren. Wenn Sie sich nie in die Karten schauen lassen und unter Druck brillieren, wenn Sie sich bei höchster Anforderung am wohlsten fühlen, Ihre Fertigkeiten richtig einschätzen und gezielt entwickeln, dann sollten Sie hoch springen.

» 400-METER-LAUF

400-Meter-Läufer haben vor ihrem ersten Wettkampf schon unzählige Male eine ähnliche Belastung vorbereitet. Sie kennen die Anstrengung und haben ausgeprägtes Lampenfieber. Einer der besten Vertreter seine Zunft beschrieb diesen Zustand vor Jahren einmal so, dass er jedes Mal, wenn er im Startblock sitze, eine unglaubliche Angst verspüre – diese Angst aber liebe! Zu Beginn eines Laufs wissen sie nur, dass in nicht allzu ferner Zeit der Körper auf Streik und ins Antitotlauf-Programm schaltet. Milchsäure durchflutet den Körper und hindert ihn daran, die Leistung ins Unerträgliche zu schrauben. Genau dieses Ziel aber hat der Athlet und die Diskrepanz zwischen Willen und Biologie führt zu furchtbar dicken Beinen. Diese Ausflüge in die Grenzbelastung des menschlichen Körpers unternimmt der Athlet in voller psychischer Zurechenbarkeit und absolut freiwillig!

SPORT UND ALLTAG: VIELE PARALLELEN

2

Um erfolgreich ins Ziel zu gelangen, benötigt der Läufer ein ausgeprägtes Stehvermögen und muss wissen, wie er sich seine Kräfte intelligent einteilt. Nur wer möglichst gleichmäßig läuft und ein Gespür für die Nutzung seiner Ressourcen hat, wird gewinnen. Trotz größter Qualen auf den letzten Metern wird der Läufer immer das Ziel erreichen, weil es ihm sein Stolz und sein Ehrgeiz verbieten, drei Viertel seiner Bemühungen durch »Hängenlassen« im letzten Viertel zunichtezumachen. Er wird Stärke demonstrieren, indem er sich aufrechten Gangs und mit Stil aus der Arena verabschiedet. So erschöpft er auch sein mag – er wird es vermeiden, einen ausgelaugten Eindruck zu vermitteln. Dafür bewundern ihn seine Konkurrenten und fürchten seine scheinbar grenzenlose Belastbarkeit.

SIND SIE EIN 400-METER-LÄUFER?

400-Meter-Läufer agieren aus eigenem Antrieb, sie bringen ihr Projekt gut gelaunt zu Ende, auch wenn auf dem Weg Schwierigkeiten warten. Sie genießen das Lampenfieber, welches sie noch besser werden lässt. Wenn Sie gern bis an die Schmerzgrenze gehen, erst dann zur Höchstform auflaufen, wenn es richtig wehtut (wie zum Beispiel in unangenehmen, oder sagen wir herausfordernden Situationen), jeden Tag nach solchen Schmerzbereitern suchen und sich von Rückschlägen nicht einschüchtern lassen, dann ab auf die Stadionrunde!

» 110 METER HÜRDEN

Hürdenläufer können sich darauf verlassen, dass auf dem Weg zur erfolgreichen Bewältigung der Aufgabe diverse Hindernisse lauern, die gekonnt überwunden werden wollen. Ohne Angst muss der Hürdenläufer diese zehn Behinderungen als gute Gelegenheit sehen, sich von der Konkurrenz abzusetzen, die dasselbe Vorhaben realisieren will. So genau er seine Mitstreiter auch im Auge hat, so konzentriert muss er sich um seine eigenen Belange kümmern. Er feilt akribisch am Laufrhythmus und die Arbeit in Training und Wettkampf verläuft sehr konzentriert. Andernfalls schleichen sich Fehler ein, die nicht selten darin münden, dass der Läufer aus dem Tritt gerät oder es sogar zum Sturz kommt. Aufgrund der engen Bahnen geschieht es relativ oft, dass sich Läufer über der Hürde mit Händen oder Füßen berühren, was einen Kontrollverlust zur Folge haben kann.

Erstklassige Läufer können mit Störeinflüssen umgehen und nehmen jede Hürde mit der größtmöglichen Sorgfalt. Dabei haben sie immer die direkt vor ihnen stehende Hürde im Blick, vergessen darüber aber nicht das Gesamtziel. Je länger der Lauf, desto müder die Beine und umso größer die Sehnsucht, endlich das Ziel zu erreichen. Aufgrund der vielen möglichen Störfaktoren erleidet jeder vernünftige Hürdenläufer im Lauf seiner Karriere mindestens einen Schlüsselbeinbruch. Wichtig ist nur, dass er wieder aufsteht und nach Heilung der Verletzungen versucht, frühere Fehler auszumerzen.

SIND SIE EIN HÜRDENSPRINTER?

Hürdensprinter arbeiten äußerst präzise und gewissenhaft, sie nehmen jede Hürde und können mit Störeinflüssen um gehen. Dabei geraten sie nicht in Panik und halten ihre Konzentration bis ins Ziel aufrecht. Wenn Sie einer Tätigkeit nachgehen, die Fehler nicht verzeiht und eine große Gewissenhaftigkeit mit dem Blick für Ihr Umfeld erfordert, wenn Sie Hürden nicht als Feinde, sondern als integralen Bestandteil Ihres täglichen Schaffens sehen und die Perfektion lieben, dann denken Sie wie ein Hürdenläufer.

» DISKUSWURF

Diskuswerfer können aufgrund von biologischer Frische jung und erfolgreich oder aber dank ausgeprägter Erfahrung alt und erfolgreich sein. Diese Erfahrung hilft den Athleten älteren Semesters, die jungen Heißsporne der Zunft in Schach zu halten. Diese Spezies Athlet muss genau wissen, wie sie ihre Kräfte einsetzt und trotz des Drangs nach übereifriger Aufgabenerfüllung auf den Moment des Abwurfs warten. Nur dann beschleunigt ein Diskuswerfer die Scheibe optimal und kann all seine Ressourcen für die Weite nutzen. Das, was viele in ihrem Tun behindern oder einschränken würde, stimuliert die Leistung des Diskuswerfers – wenn ihm nämlich eine seichte Brise ins Gesicht weht (mit Rückenwind kann ja jeder). Es soll nicht unerwähnt bleiben, dass sich Diskuswerfer – um ein unsportliches Bild zu bemühen – eines ausgeprägten Netzwerks bedienen. Zwar werden sie im Wettkampf in diese Maschen eingesperrt und der einzige Weg nach draußen ist der nach vorn, aber genau da wollen sie mit ihrer Scheibe ja auch hin. Dieses Netz schützt alle Umstehenden vor Irrfliegern, wie sie mit zunehmender Qualitätsabnahme vermehrt vorkommen (also bei Mehrkämpfern durchaus von Zeit zu Zeit … Wir müssen ja nicht alles können).

SIND SIE EIN DISKUSWERFER?

Diskuswerfer benötigen für die Ausreizung ihrer Potenziale Erfahrung und lieben scheinbar schwierige Bedingungen wie Gegenwind. Sie wissen, welche Hebel sie bedienen müssen, damit der Wettkampf nach ihren Vorstellungen verläuft. Bei der Zielerreichung hilft ihnen ein ausgeklügeltes Netzwerk und sie verstehen es, sich dieser Schutz- und Hilfsmechanismen zu bedienen. Wenn Ihr Chef Sie auf dem Kieker hat und Sie trotz dieses unruhigen Fahrwassers wissen, wie Sie Ihre Karriere vorantreiben, wenn Sie schon lange im Geschäft sind und wissen, wie der Hase läuft, dann haben Sie die Contenance eines erfolgreichen Diskuswerfers.

» STABHOCHSPRUNG

Stabhochspringer sind gewissermaßen die femininen Vertreter der Gattung »Mehrkämpfer«. Frauen werden ausgeprägte Multitaskingfähigkeiten nachgesagt und genau die brauchen auch die Athleten dieser komplexen Disziplin. In kürzester Zeit müssen unzählige Muskelgruppen an- und entspannt, Richtungswechsel und Korrekturen vorgenommen werden. Trotzdem springen die Männer etwa einen Meter höher als die Frauen.

Aufgrund langer Wartezeiten passiert es immer wieder, dass ein Springer nach zwei Stunden ohne Sprung das Gefühl für sein Vorhaben verliert und nach drei ungültigen Versuchen ohne Ergebnis nach Hause fährt. Trotzdem schaffen es immer wieder welche, in brenzligen Situationen besondere Leistungen zu zeigen und selbst im letzten Versuch noch zu glänzen.

Kleine Anekdote: Da die Stabhochspringer von ihren Stäben leben, müssen sie gut auf sie aufpassen. Eigentlich ist so ein Stab unkaputtbar, wenn er allerdings eine kleine Macke hat, zerspringt er beim nächsten Sprungversuch mit lautem Knall und das System löst sich in seine Bestandteile auf. Auf Reisen packen Stabhochspringer ihre Stäbe daher in diverse Hüllen und schützen sie wie rohe Eier. Als vor einigen Jahren zwei deutsche Weltklasseathleten mit zehn Glasfiberstäben, die jeweils 5,10 Meter lang waren und nicht auseinandergeschraubt werden konnten, ins Trainingslager fuhren, bekamen sie am Flughafen 30 Stäbe à 1,70 Meter Länge wieder. Da sie andernfalls nicht ins Flugzeug gepasst hätten, hatte sie das Ladepersonal fein säuberlich vermessen und zu 5.000 Euro teuren Staffelstäben exekutiert.

SIND SIE EIN STABHOCHSPRINGER?

Stabhochspringer kalkulieren Rückschläge ein und sind nervenstark. Sie schützen ihre Ressourcen und sind multitaskingfähig. Wenn Sie zudem extrovertiert sind, dann stellen Sie den Typus Stabhochspringer dar. Über die komplett synchrone Steuerung all ihrer Sinne hinaus benötigen Sie dann noch Tugenden wie Mut und Vertrauen in die eigene Tätigkeit. Das heißt unter anderem, dass Sie bereit sind, neue Wege zu gehen, die andere aus Vorsicht meiden oder von vornherein als nicht erfolgversprechend abtun.

» SPEERWURF

Der Prototyp des Speerwerfers ist klein, schnell und kompakt. Oder er ist mittelgroß, technisch versiert und bewegungstalentiert. Oder er ist groß, hat gute Hebel und arbeitet effektiv. Vor allem aber liebt er elegante Lösungen. Er ist in der Lage, ein 800 Gramm schweres Gerät fast über den ganzen Sportplatz zu schleudern und freut sich, wenn er von hinten nur noch einen Punkt sieht. Dann weiß er, dass er den Speer optimal getroffen hat. Bevor es dazu kommt, läuft er mit einer unglaublichen Geschwindigkeit auf den Abwurf zu, bereitet diesen schon ein paar Schritte vorher vor, verlagert sein Gewicht nach hinten und stoppt innerhalb eines einzigen Schritts, um die Wurfbewegung zu vollenden. Jede kleine Unachtsamkeit in der Ausführung beschert ihm langfristig Schmerzen und Probleme, sodass er darauf bedacht ist, der Perfektion nicht nur zur Optimierung seiner Leistung, sondern auch zum Schutz seiner Gesundheit nahezukommen.

Speerwerfer ist man oder man ist es nicht. Der Ursprung der entsprechenden Fähigkeiten liegt in der Kindheit und diese können in späteren Jahren nicht mehr erlernt werden. Um im Feld der Werfer bestehen zu können, beobachtet jeder Einzelne die Versuche der Konkurrenz aufmerksam. Das dient auch dem eigenen Schutz: Unter Umständen kann es nämlich passieren, dass ein verunglückter Versuch einige Meter neben der Sektormarkierung landet und die Konkurrenten extrem gefährdet.

SIND SIE EIN SPEERWERFER?

Speerwerfer sind mutig und lieben elegante Lösungen. Sie kompensieren Schwäche durch Technik und beobachten zum Eigenschutz externe Marktteilnehmer. Wenn Sie die »Big Points« erzielen (obwohl Sie auf den ersten Blick so gar nicht danach aussehen), und das mit Stil und Takt, wenn Sie brillant beobachten und die so gewonnenen Erkenntnisse zu Ihrem Vorteil nutzen, dann waren Ihre Vorfahren die Mammuttöter.

» 1.500-METER-LAUF

1.500-Meter-Läufer müssen von zwei Seiten betrachtet werden. Es gibt den wirklichen Spezialisten, um den es in dieser Schilderung gehen soll, der seinem Sport aufgrund seiner Statur und seines Talents nachgehen will. Und es gibt den Zehnkämpfer, der im Rahmen eines Mehrkampfs dieser Sportart trotz seiner Statur und seines fehlenden Talents nachgehen muss. Zwischen den Leistungen dieser so unterschiedlichen Sportler liegt etwa eine Minute. Was sie aber beide auszeichnet, sind der unbedingte Siegeswille und die absolute Bereitschaft, sich kontinuierlich in Grenzbereiche zu wagen. Die dafür benötigte Ausdauer erarbeiten sie sich weit im Voraus und sie kennen den Bereich, bis in den sie persönlich vorstoßen dürfen. Dafür machen sie sich einen Trainingsfahrplan mit überschaubar kleinen Zyklen und gleichen ihre Leistung stets mit dem eigenen Wohlbefinden ab. Sollten sie eine Störung im System bemerken, nehmen sie Korrekturen vor, in der

Hoffnung, dass dies noch vor dem Ende des Laufs Früchte trägt. Sie wissen, dass das Ziel erst nach 1.500 Metern erreicht ist, und laufen die Strecke mit einem beherzten Finish zu Ende.

SIND SIE EIN 1.500-METER-LÄUFER?

1.500-Meter-Läufer sind leidenschaftlich und haben Ausdauer. Sie kennen ihre Schmerzgrenze und lieben deren Verschiebung zu ihrem Vorteil. Um ein gutes Ergebnis zu erzielen, perfektionieren sie den Endspurt. Wenn Sie in Projekten bis zum Schluss durchpowern und sich nur mit dem Besten zufrieden geben, wenn Sie seelische Schmerzen für den Erfolg ausblenden, dann könnten Sie ein Hechler sein.

▶▶ FAZIT:

Wenn Sie diese zehn Beschreibungen von Charaktereigenschaften losgelöst vom Sport und der jeweiligen Disziplin gelesen haben – ohne zu denken, dass ich in meiner Freizeit Horoskope schreibe –, dann können Sie sich in die Welt des Sports hineinversetzen. Nutzen Sie die so gewonnenen Erkenntnisse für ihre ganz persönlichen Belange! Wie das geht, zeige ich Ihnen in den folgenden Kapiteln.

4. ÜBERTRAGUNG IN DEN ALLTAG

Welcher Charakter ähnelt Ihrem am ehesten? Gibt es Situationen, die Ihnen bekannt vorkommen und gibt es Anforderungen, die Ihnen tagtäglich das Leben schwer oder auch leicht machen? Wahrscheinlich haben Sie sich nicht nur in einem, sondern in mehreren Typen wiedererkannt oder auch in Teilaspekten einzelner Disziplinen. Das ist ganz normal. Wenn Sie der Wesenszug des Stabhochspringers, multitaskingfähig zu sein, am besten beschreibt, weil Sie im Büro immer den Hörer am Ohr haben, nebenbei Tabellenkalkulationen bearbeiten und trotz des Stresses eine hohe soziale

2

Kompetenz aufweisen, Sie aber nicht den Mut haben, im Freibad vom Zehnmeterturm zu springen, heißt das nicht, dass Sie den Anforderungen des modernen Sports nicht entsprechen und sich dem Mehrkampf nicht komplett zuordnen können. Ich selbst war ein guter Weitspringer und ein guter Hürdenläufer, das schließt aber nicht aus, dass ich die Leidenschaft und den Kampfeswillen eines Mittelstrecklers hatte. Wieder anderes konnte ich überhaupt nicht und musste es mir hart erarbeiten.

Selbst absolute Spezialisten müssen die Tugenden anderer Bereiche beherzigen, da sie ansonsten nicht den Erfolg haben werden, den sie haben könnten. In keinem anderen Bereich des Lebens vereinen sich so viel Arbeit, Leidenschaft, Emotionen, Freud und Leid wie im Sport. Wenn Sie hoch konzentriert arbeiten können oder wollen, ein Ziel verfolgen und eine enorme Leidenschaft für Dinge entwickeln, die Ihnen wichtig sind, dann sind Sie hier genau richtig. Nicht jeder Stabhochspringer ist von Geburt an ein Multitaskingtalent. Um da hinzugelangen, ist gezieltes Training nötig. Und Sie können von den Trainingserkenntnissen der Sportler profitieren.

Ich möchte Ihnen verdeutlichen, wo der Sportler in jedem von uns steckt und uns stetig begleitet. Ich möchte außerdem, dass Sie ein Gespür für Ihre Stärken bekommen und es schaffen, Ziele klar zu definieren und mit konkreten Zeitpunkten abzugleichen. Fokussieren Sie sich und beschäftigen Sie sich mit Ihren Träumen, Möglichkeiten und Talenten. Behalten Sie das Bild des Sportlers immer im Hinterkopf. Es geht im Leben oftmals um Sieg und Niederlage. **Es geht darum, sein Bestes zu geben und trotz eines zweiten Platzes die Arena als Sieger zu verlassen.** Es geht darum, der Konkurrenz hinterherzulaufen, abends mit einer weisen Erkenntnis ins Bett zu gehen und zukünftig mit Leidenschaft seine Ziele zu verfolgen, um das nächste Mal beim »Verlieren« erhobenen Hauptes bewundert zu werden.

Wenn Sie die Möglichkeiten besäßen, als Profisportler Ihr Geld zu verdienen, dann würden Sie das tun. Da Sie aber einem anderen Beruf nachgehen, haben Sie andere Qualitäten, als sich tagtäglich der stumpfen Formung Ihres Organismus hinzugeben (wenn Sie die 100 Meter unter neun Sekunden laufen, aber einen »anständigen« Beruf vorziehen, sollten wir uns allerdings schnellstens unterhalten. Entweder weil Sie Profi werden sollen – oder aber nicht so viele Medikamente schlucken dürfen). Den erfolgreichen Sportler zeichnet etwas aus, das nicht allein durch einen tollen

Körper zu erklären ist. Das größte Talent wird es zu nichts bringen, wenn es nicht in der Lage ist, die Hebel auf »Erfolg« zu stellen. Laut Duden handelt es sich bei Erfolg um das »positive Ergebnis einer Bemühung«. Und dafür ist mehr nötig als bloße Betätigung der Muskeln. (Wer kennt nicht den Spruch: »Der hat's nicht nur hier, sondern auch hier!« und dabei wird erst auf den linken Bizeps und dann auf den rechten Bizeps gezeigt …?)

Sowohl Sportler als auch »normale« Menschen brauchen außer **Talent** auch **Selbstvertrauen**. Gehe ich die Wege, die mir selbst richtig erscheinen, oder gehe ich die Wege, die andere für richtig halten? Vertrete ich meine Meinung, weil ich davon überzeugt bin, oder lasse ich mich gern überzeugen? Ziehe ich einen hässlichen Pullover an, *obwohl* ich weiß, dass alle gucken werden oder ziehe ich ihn gerade *deswegen* an? Ist es mir vollkommen egal, wie ich aussehe, weil es für den Moment eben wichtiger ist, gesund zu bleiben? Da haben wir schon die nächste Anforderung an den gemeinen Sportler: **Intelligenz**. Ich wäge ab – was ist mir wichtig, was macht mich aus? Wie gelange ich zu dem Erfolg, der mein Leben bereichert, und nicht zu dem Erfolg, der meinen Lebensfluss holprig und steinig macht, weil er von anderen erwartet wird, mir aber Kummer und Sorgen bereitet?

Kurzum: **Wie werde ich eins mit mir?** Um es vorwegzunehmen: Das kann ich Ihnen so nicht sagen! Wenn ich das könnte, dann wäre ich echt clever, würde forschen, suchen und enträtseln, würde das Zeug in Tüten packen und einen wucherhaft teuren Preis dafür verlangen. Sie würden sich Packung um Packung einverleiben, selig grinsen, verklärt blicken und immerzu »guter Stoff« hauchen. Kurze Zeit später würde ich als Scharlatan und Drogendealer im Gefängnis hocken und darüber nachdenken, ob das wirklich meine Vorstellung von Erfolg war. Ich kann dieses Experiment getrost mit der Antwort »Nein« in seinen Kinderschuhen stecken lassen und Ihnen die Illusion nehmen, dass mit mir von jetzt auf gleich alles besser wird.

Mit mir wird es erst einmal hart und gemein. Ich war der Meister meines Fachs, wenn es darum ging, mich an den Abgrund des Erträglichen zu manövrieren. Manchmal ging ich auch einen Schritt zu weit und wurde aus allen Träumen gerissen, wenn ich einsehen musste, dass nicht immer all mein Tun von Erfolg gekrönt sein konnte. Das Unerträgliche lieb zu gewinnen war eine Sucht, die mich nicht mehr losließ. Körper und Geist so weit in Harmonie zu bringen, dass sie selbst in brenzligsten Situationen Leistungen hervorbringen, die illusorisch scheinen, darum geht es im Leben eines Sportlers und im Leben eines jeden.

Wenn Sie sich nicht sicher sind, ob Sie Ihre Potenziale schon optimal ausreizen oder durch etwas gehemmt werden, das auch den gewöhnlichen Sportler in seiner Leistungsfähigkeit behindern, dann schauen Sie auf die folgende Darstellung und sehen, wie vielseitig die Anforderungen an jeden sein können und wie viele Disziplinen ein jeder bestehen muss.

DIE WELT DES MEHRKÄMPFERS

Zehnkampfdisziplin	Schnittmenge	Alltag (Nichtsportler)
100 Meter	Schnelligkeit	Fitness auf den Punkt
Weitsprung	Präzision	Eigenverantwortlichkeit
Kugelstoßen	Understatement	Andere überraschen
Hochsprung	Entscheidungsfreude	Dialog mit Freund und Feind
400 Meter	Überanstrengung	Abläufe optimieren
110 Meter Hürden	Hindernisse	Herausforderungen meistern
Diskuswurf	Erfahrung	Ruhe ausstrahlen
Stabhochsprung	Multitasking	Mutig neue Wege suchen
Speerwurf	Ästhetik	Elegante Zielmaximierung
1500 Meter	Ausdauer	Enthusiasmus leben

Anhand dieser Übersicht können Sie in etwa abschätzen, was sich der Nichtsportler beim Sportler abschauen kann. Nur wer in der Lage ist, von anderen zu lernen, wird sich selbst entwickeln. Dabei muss man mündig genug sein, seine ganz persönlichen Vorstellungen in das komplexe Thema einzubringen und mit Eigeninitiative seinen Weg zu gehen. Verstehen Sie mich bitte richtig: **Sie sollen kein Sportler werden, aber wie einer denken!** Alle Denkanstöße entspringen meinen Erfahrungen als Sportler, die ich in meinem heute vollkommen unsportlichen Leben nutzen kann.

3
CHANCE DES LEBENS

1. VERGÄNGLICHKEIT

Machen Sie sich einmal bewusst, mit welcher Vielzahl an Gefahren wir tagtäglich zu tun haben. Meist schaffen wir es, die Tücken des Haushalts zu ignorieren und dennoch unbeschadet davonzukommen. Das Erklimmen einer handelsüblichen Leiter birgt Gefahren ungeheuren Ausmaßes. Wenn Sie diese Hürde geschafft haben, sollten Sie beim Austauschen des Transformators nicht die falsche Sicherung rausdrehen. Unterwasserföhnen ist ungesund, im Wohnzimmer grillen nicht ratsam und im Dunkeln mit einer Kreissäge hantieren mordsgefährlich. Und erst der Straßenverkehr! Es gibt Leute, die fahren lieber Auto, als ein Flugzeug zu besteigen. Aus Angst, dass ihnen etwas passieren könnte. Mich eingeschlossen! Umgerechnet nach den schwerwiegenden Vorkommnissen ist der Straßenverkehr allerdings etwa tausendmal gefährlicher als das Fliegen. Aber dieses Wissen das hilft mir nur sekundär. Fahren ist unten, fliegen ist oben. Und zwar mehr als 10.000-mal weiter oben.

Aber irgendwie schaffen wir es doch meist, diesen Gefahren aus dem Weg zu gehen. Und jetzt kommt kein Witz: Es ist gar nicht so leicht, einfach nur an Altersschwäche zu sterben! Eine Minderheit von uns wird mit 120 Jahren friedlich einschlafen. Die Todesursachen sind meist Krankheit (für den Mediziner ist das auch natürlich) oder Unfälle diverser Art. Trotzdem sollten wir festen Blickes nach vorn schauen und davon ausgehen, dass es Evolution und Schicksal gut mit uns meinen.

Im Prinzip sind uns allen die Endlichkeit des menschlichen Lebens und damit unsere eigene Vergänglichkeit bewusst. Dennoch ist es vielleicht ganz hilfreich, sich das noch mal ganz plastisch vor Augen zu führen. Es gibt dazu ein sehr eindrückliches Experiment dazu, dass ich Ihnen hier – selbstverständlich mit dem nötigen Augenzwinkern – vorstellen möchte. Lassen Sie sich darauf ein, aber verfallen Sie nicht in Angst und Schrecken, sondern machen Sie sich bewusst, was es anzupacken gilt.

▶ **AUFGABE**

1. Nehmen Sie ein (billiges) Bandmaß oder einen Zollstock.
2. Nehmen Sie eine Schere beziehungsweise ein Instrument, mit dem Sie den Zollstock verkürzen können (zum Beispiel Zange, Säge oder Beil).

Falls Sie eine Säge oder ein Beil verwenden, lesen Sie sich die oben stehenden Zeilen über Schicksal und Möglichkeiten von Unglücken noch einmal durch und prüfen Sie die Wahl der »Waffen«. Sie haben vieles selbst in der Hand, können Erfolgsaussichten maximieren oder aber die Gefahr abgetrennter Finger fördern, indem Sie Nicht-direkt-Zusammenpassendes kombinieren. **Es gibt immer mehrere Möglichkeiten, ein bestimmtes Ziel zu erreichen.** Denken Sie also stets gründlich über Ihr Handeln nach.

Stellen Sie sich nun vor, dass dieses Bandmaß oder der Zollstock unseren Lebensstrahl darstellt. Jeder Zentimeter bildet ein ganzes Jahr ab. Was glauben Sie, wie viele Zentimeter Sie jetzt abschneiden (und demzufolge wie viele Zentimeter Sie stehen lassen) sollen? Statistisch werden eine im Jahr 2016 geborene Frau etwa 83 und ein Mann etwa 78 Jahre alt. Das sind natürlich fiktive Zahlen, da heute nicht bekannt ist, wie wir mit jetzt noch nicht existierenden Problemen umgehen oder aber ob bereits bestehende Phänomene, wie zum Beispiel Feinstaub oder IT-gestütztes Netzwerkleben, unser Leben positiv oder negativ beeinflussen. Aber irgendeine Zahl müssen wir uns ja aussuchen.

Schreiten wir also zur Tat: Lassen Sie zunächst einmal 120 Zentimeter stehen! Gehen Sie davon aus, dass sie 120-mal den Frühling erleben werden, bis es Zeit ist, zu gehen. 120 ist ein weit entfernter Horizont, der keine Angst aufkommen lässt. Das ist doch der reinste Quatsch, werden Sie sagen, wenn hier der Anthropologe Busemann das Ende in einer so fernen Zukunft verkündet. Da muss ich Ihnen recht geben, aber es hat ihn gegeben, den Homo sapiens, der 122 Jahre alt geworden ist. Mit 120 spreche ich also noch nicht mal von einem Weltrekord. Allerdings auch nicht von Kreisklasse. Aber rein theoretisch ist der Mensch in der Lage, so alt zu werden.

3

So, und nun nehmen Sie die Schere und trennen für die ersten drei Laster die entsprechenden Zeiteinheiten am hinteren Ende des Bandmaßes ab:

1. **Stress:** Wenn Sie sich zeitlebens mit Stress herumschlagen müssen und sich zudem noch hektisch bewegen, schneiden Sie bitte zehn Zentimeter ab, sodass die letzte Zahl die 110 ist.
2. **Rauchen:** Wenn Sie seit Ewigkeiten rauchen, trennen Sie bitte ebenfalls zehn Zentimeter ab.
3. **Ungesunde Ernährung:** Wenn Sie nicht wissen, was gesunde Ernährung ist, dann schnippeln Sie wiederum zehn »Lebensjahre« ab. (Gesunde Ernährung beinhaltet nicht, dass Sie jeden Tag Ihres Lebens in der Rohkostabteilung des Biomarktes darüber grübeln, wie Sie Ihre Rentenbezüge in die Länge ziehen können. Vielmehr sollte die Basis stimmen.) Schneiden Sie zusätzlich für jede überfette Mahlzeit in der Woche eine Zeiteinheit ab.

Den Rest des Bandmaßes legen Sie jetzt bitte um Ihre Taille. Wenn Sie Ihren Bauchumfang noch messen können, mussten Sie entweder vorher nichts abschneiden oder Sie gleichen Ihre bisherigen Laster durch eine schmale Taille aus, die Ihre Chancen steigert, Ihr Leben (quasi »virtuell«) wieder zu verlängern. Zwar gehen Sie dem Lungenkrebs nicht aus dem Weg, aber die Wahrscheinlichkeit für Bluthochdruck nimmt ab. Das ist doch schon mal was. Wenn Sie Ihren Bauchumfang allerdings nicht mehr messen können, erkranken Sie mit einer mindestens verdreifachten Wahrscheinlichkeit an Bluthochdruck. Der optimale Wert des Quotienten von Bauch und Hüfte liegt bei einem Mann bei <0,9 und bei der Frau bei <0,8. Klingt nicht nach besonders viel, was? Aber mit diesen Werten ist die Gefahr einer Hypertonie, also Bluthochdruck, am geringsten.

Da der erste Schock verdaut ist, kommen wir nun zu einem Teil, den wir nicht selbst in der Hand haben.

4. **Alter:** Schneiden Sie bitte vom vorderen Stück des Bandmaßes so viele Zentimeter ab, wie es Ihrem Alter entspricht. (Frauen dürfen dieses Experiment auch unter Ausschluss der Öffentlichkeit vornehmen.) Das Bandmaß beginnt nun mit einer Zahl, die größer ist als null.

Betrachten Sie das abgetrennte Stück. Das ist Ihr gelebtes Leben. War es erfolgreich? Zufriedenstellend? Lebenswert? Hatten Sie Pech? Oder Glück? Ein Stück Bandmaß kann das Leben nicht widerspiegeln, aber empfinden Sie Zufriedenheit, wenn Sie auf dieses Stück Plastik schauen und sich vergegenwärtigen, dass diese Zeit gelebt ist? Nicht mehr wiederholbar und nur noch in Gedanken reproduzierbar? Wir können entweder das Erlebte und Gelebte durch unsere eigene Bewertung stimmig machen und auch aus negativen Geschehnissen etwas Positives ziehen, oder aber Überschwängliches ernüchternd relativieren. Aber wir können den bisherigen Lauf des Lebens nicht mehr ändern. Deshalb sollten wir nicht zu viel Zeit damit verschwenden und stattdessen die Konzentration wieder auf Gegenwart und Zukunft richten.

Wenden wir uns wieder dem Bandmaß zu:

5. **Alkohol:** Wenn Sie regelmäßig mehr als einen Viertel Liter Rotwein oder eine Flasche Bier am Tag zu sich nehmen, dann schneiden Sie je nach Menge des konsumierten Alkohols 3 bis 15 Jahre ab. Für 0,5 Liter Rotwein oder 2 Bier drei Jahre, für 1 Liter Rotwein oder 4 Bier sechs Jahre etc. (Wenn Sie gute Kontakte zu Leberspendern haben, müssen Sie nichts abschneiden.)
6. **Bewegung:** Wenn Sie sich am Tag im Durchschnitt maximal 2.000 Schritte (oder maximal 1.000 Meter) bewegen, dann kürzen Sie das Bandmaß um acht Einheiten.
7. **Beziehungsstatus:** Wenn Sie männlicher Single sind, leben Sie statistisch gesehen sogar kürzer als ein Raucher. Wenn Sie weiblicher Single sind, dann ist die Differenz kaum erwähnenswert. Einigen wir uns für unser Experiment auf drei Jahre für Singles beider Geschlechter. Weg damit.
8. **Kinder:** Wenn Sie als Frau keine Kinder haben, schneiden Sie weitere fünf Jahre ab, wenn Sie Kinder haben, die höchstens 18 Jahre jünger sind als Sie selbst, oder aber mehr als fünf Kinder, dann schneiden Sie so viel ab wie die kinderlose Frau.
9. **Pessimist oder Optimist?** Wenn Sie von Grund auf pessimistisch sind und oftmals erst an das Schlechte denken, dann können Sie wiederum acht Jahre abtrennen.

3

Natürlich sind das nicht alle Faktoren, die hier berücksichtigt werden könnten. Aber mir geht es in erster Linie darum, Sie grundsätzlich für die Vergänglichkeit des Lebens zu sensibilisieren und Ihnen bewusst zu machen, dass Sie trotz allem noch genug Zeit haben, Ihrem Leben eine neue Wendung zu geben. Haben Sie denn noch ein Stückchen Bandmaß in der Hand oder ist schon alles weg? Nicht so schlimm – wenn Sie gebildet sind, dann holen Sie sich eine Rolle Tesafilm und kleben alles wieder dran! Denn tatsächlich: **Lebensverlängernde Aspekte in unserem Dasein sind Neugier und die Fähigkeit, sich Wissen anzueignen.**

Wir können mit den hier aufgeführten Zahlen nur statistische Werte berücksichtigen. Verzweifeln sie aber auf keinen Fall an Statistiken, es gibt Raucher die werden über hundert Jahre alt. Es erhöht nur die Wahrscheinlichkeit, dass wir gesund alt werden, wenn wir gesund leben. Wer also in der Lage ist, sich Wissen anzueignen und in seinen Alltag zu übertragen, der wird sich gesund ernähren, sich ausreichend bewegen, der wird sich Ziele stecken und alles daran setzen, sein Leben seinen Potenzialen entsprechend zu gestalten. Weil er die Sinnhaftigkeit des Seins zu seinem Vorteil nutzen möchte. Dieser kleine Ausflug in den Abgrund der tödlichen Wahrscheinlichkeitsrechnung hat Ihnen einen Einblick gewährt, wie viel Zeit noch bleibt, wie viel Zeit Sie schon gelebt (oder vergeudet) haben und ob Sie den Willen haben, das Bestmögliche aus der verbleibenden Zeit zu machen. Sie haben es selbst in der Hand, die Gestaltung Ihres Lebens aktiv zu beeinflussen.

VERKÜRZT STATISTIKGLÄUBIGKEIT DAS LEBEN?

Als ich vor Jahren davon hörte, dass ich als Linkshänder neun Jahre eher sterben würde, als ein anderer Frank Busemann als Rechtshänder, war ich erst besorgt und nach fünf Sekunden amüsiert. Als Grund in der nun überholten Studie war angegeben, dass sich Linkshänder in einer für Rechtshänder geschaffenen Welt nicht zurechtfinden würden. Aber ich kenne doch keine andere Welt als diese! Ich bin gern linkisch. Als kleiner Trost für statistikgläubige Linkshänder sei aber auch erwähnt, dass sich in der »verkehrten« Welt der Linkshänder überproportional viele Menschen mit einem Intelligenzquotienten finden, der höher ist als 140. Ich habe meinen mal getestet und 164 herausbekommen! Es wäre aber auch möglich, dass ich zu blöd war das Ergebnis richtig abzulesen. (Na ja, Genie und Wahnsinn liegen dicht beieinander).

Wenn Sie sich fragen, weshalb es Lebewesen gibt, die locker über einhundert Jahre werden, dann beantworten sie die Frage selbst. Hat die Geochelone nigra Stress? Raucht sie vielleicht? Wie viel Alkohol trinkt sie? Gut sie bekommt in ihrem Leben viele Kinder, aber Ausnahmen bestätigen die Regel. Und weil Sie gebildet sind, wissen Sie auch, dass die Geochelone nigra eine Schildkröte ist.

Ob ein Bandmaß da ist oder weg, ist nicht relevant. Wir kaufen uns einfach ein neues. Aber unser Leben lässt sich nur bedingt mit Geld ersetzen. Verlängern vielleicht, aber austauschen niemals. Netter Zusatzeffekt des kleinen Experiments: Entlarven von Pessimisten und Optimisten – Ist das Bandmaß schon halb weg oder noch halb da …?

2. TRAINING

Die erfolgreiche Gestaltung des eigenen Lebenswegs hat – wie im Sport – viel mit Training zu tun. Immer wenn wir uns, von einem individuellen Ausgangslevel aus, zu neuen Sphären emporheben wollen, dann müssen wir durch Eigeninitiative etwas verbessern. Sei es mittels einer Fortbildung, durch besondere Aufmerksamkeit für neue Abläufe, oder »einfach nur« die Änderung eingeschliffener Muster. **Veränderung ist mit Aufwand verbunden und für Nachhaltigkeit ist ein Trainingseffekt erforderlich, der Erlerntes und Erreichtes festigt und abrufbar macht.**

»Los, du faule Sau! Schwing die Hufe und gib alles!«, mag der berühmt-berüchtigte Schleifer mit der Trillerpfeife schreien und seinen Schützling wie ein Stück Papier zusammenfalten. Gut, wenn dieser Schützling auch das macht, was ihm die Pfeife diktiert. Schlecht, wenn nicht. Letztlich ist es immer die Frage, warum wir so gut sind, wie wir sind. *Weil* wir einen Mentor haben, der uns mit Rat und Tat zur Seite steht und uns in den Hintern tritt, wenn es sein muss, oder *obwohl* (!) wir diesen Mentor haben.

Wie viel in jedem Einzelnen von uns steckt, ist schwer zu beantworten. Letztendlich lässt sich das nur erfahren, wenn man an sich arbeitet und seine Ziele genau auf sich selbst abstimmt. Es ist eine besondere Gabe, ein außergewöhnliches Interesse oder ein Geschenk der Natur, das zu erkennen. **Um sein Optimum freizulegen, muss man hart an sich arbeiten.** Und

3

manche haben daran sogar Spaß. »Harte Arbeit hat sich noch immer gelohnt«, weiß die Nachkriegsgeneration und »Das Leben ist kein Ponyhof«, wissen die Jüngeren.

Unbestritten ist, dass wir unseren Körper an Belastungen anpassen können. Wenn Sie sich die Aufstellung der Zehnkampfdisziplinen anschauen, scheint klar, dass man für schnelles Laufen auch schnelles Laufen trainieren muss. Das ist gar nicht so logisch! Wenn Sie als Nichtsportler sagen, dass das klar sei, versichere ich Ihnen, dass das für Sportler manchmal nicht klar ist. Gibt es doch wirklich einige Zehnkämpfer, die sagen, sie verstünden überhaupt nicht, weshalb die 1.500 Meter so schwer sein sollten, gingen sie doch jeden Sonntag eine Dreiviertelstunde im Wald laufen. Was hat langsames Wochenendjoggen mit gehetztem Sekundenknausern zu tun? Nichts! Oder besser gesagt, fast nichts. Manche trainieren unglaublich viel und steigern ihren Einsatz bis ins Unermessliche, weil sie gern besser sprinten wollen. Doch leider sind sie dann so müde, dass sie sich gar nicht mehr schnell bewegen können.

Schnell laufen kann man nur, wenn man auch lernt, schnell zu laufen, und das geht wiederum nur, wenn man schnell läuft, und das heißt, dass man seinen Körper eben diesem Reiz aussetzt. War das zu schnell? Egal. So geht Trainingslehre. Aber keine Angst, ich will hier nicht darlegen, wie man 11 Sekunden über 100 Meter läuft. Das kann ich selbst nicht mehr! Der Lack ist ab. Als ich noch jung und knackig war, da war ich der Blitz der Bahn, da war die 10 vor dem Komma ein Muss, da habe ich trainiert wie einer, der schnell laufen will, aber jetzt lass ich's gemütlicher angehen.

Was haben also zum Beispiel »selbstverantwortlich agieren«, »Herausforderungen meistern« oder »Ziele maximieren« mit Weitsprung, Hürdenlaufen und Speerwurf zu tun? Genau, sie lassen sich verbessern, indem wir uns damit beschäftigen. Diese Beschäftigung ist keine Therapie für Gelangweilte, die nicht wissen, wie sie ihren Tag rumkriegen sollen, diese Beschäftigung ist die aktive Auseinandersetzung mit einem Aufgabenfeld, mit dem Ziel, seine Fähigkeiten in dem jeweiligen Bereich zu steigern.

Der menschliche Organismus ist ein komplexes Konstrukt, welches nach dem immer gleichen Bauplan konstruiert ist und nach den immer gleichen Gesetzmäßigkeiten reagiert. Wir sind nämlich ganz einfach gestrickt. Die Evolution unterstützt unseren Wunsch nach der Entwicklung von Fähigkeiten. Immer, wenn wir Neues ausprobieren, wird dem Körper Unbekanntes abverlangt. Wenn wir zehn Klimmzüge machen, ohne die vorbereitet zu haben, dann gibt das am nächsten Tag Muskelkater, wenn der Körper nicht die Intelligenz mitbringt, etwas dagegen zu tun.

Als ich bei einem Leistungstest im Kader der Stabhochspringer so viele Klimmzüge machen sollte, wie ich maximal schaffe, hing ich an der Stange, der Trainer rief: »Los geht's!«, da war ich schon fertig! Es hat noch nicht mal gezuckt. Ich hing da wie eine halbe Schweinehälfte nach dem Teilen. Kreidebleich und schwabbelig. Aber wenn Muskeln nur statisch bemüht und nicht über ihre maximale Bewegungsamplitude bedient werden, dann gibt's auch keine Mikrorisse in den Muckis und somit auch keinen Muskelkater! Einfach mal hängen lassen. Ganz schön clever von mir, oder?

Na ja, Ansichtssache. Hätte ich nämlich diesen Muskelkater bekommen, wäre mein Körper dank seiner Selbstheilungskräfte in der Lage gewesen, die entstandenen kleinen Risse und Ermüdungen auszugleichen und – jetzt wird's spannend! – eine Überkompensation einzuleiten! Der Körper erreicht ein neues Ausgangslevel und ist nachher besser als vorher. Er benötigt nach einer Erholung einen größeren Reiz, um bei derselben Herausforderung Erschöpfung zu signalisieren. **Heißt: Wenn man eine Herausforderung gemeistert hat, dann schafft man diese beim nächsten Mal etwas leichter.** Man hat nicht mehr das ungute Gefühl des Unbekannten, Wissen zur Bewältigung der Aufgabe ist hinzugekommen und man ist nicht mehr so nervös wie beim ersten Mal. Wenn man sich dieser einen Herausforderung immer wieder stellt, wird Neues allmählich Routine und dann strengt es uns noch nicht mal mehr geistig an.

▶▶ **FAZIT**

Es ist nicht nur im Sport sinnvoll, eine Belastung hervorzurufen, die einen (vorübergehenden) Ermüdungszustand nach sich zieht. Denn die so »erzwungene« Pause nutzt der Körper dazu, die Anstrengung zu verarbeiten und in sein normales Repertoire aufzunehmen. In der Folge setzt der Schmerz, oder besser, die Ermüdung, bei derselben Belastung nicht mehr in dem Maße ein, wie es vorher der Fall war. Dieses Prinzip kennt der Sportler unter dem Namen »Superkompensation«. (Warum nicht jede Kompensation super ist, erfahren Sie an späterer Stelle in diesem Buch.)

3. SUPERKOMPENSATION

Setzen wir uns also mit dieser Erfindung der Evolution auseinander, die es dem Menschen ermöglichte, immer mehr von sich zu verlangen. Wenn der hungrige Urmensch es nicht schaffte, sich ein Schnitzel zu erlegen, dann musste er verhungern. Er jagte also so lange, bis er satt und für den Tag zufrieden war. Erfahrungen und leere Mägen helfen ihm, seine Jagdtechniken so weit zu perfektionieren, dass er bald der beste Mammuttöter des Dorfs war. Irgendwann nagte der Zahn der Zeit an seinen Knochen und die Spritzigkeit ersetzte er immer mehr durch Erfahrung. Aber auch diese musste er irgendwann an seine Nachfahren weiterreichen, die wiederum ihre Fähigkeiten weiter verbesserten. Das ging so weit, dass die Menschheit nicht nur immer schneller laufen konnte, immer größer wurde und immer mehr Kontinente entdeckte, sondern dass ihr auch immer weniger Haare wuchsen, weil warme Jacken genug Wärme für den ohnehin erträglichen Winter ab gaben.

Heute geben wir uns mit »satt« und »warm« nicht mehr zufrieden und wollen immer mehr. Und durch Training kommen wir in den Genuss von mehr Output mit weniger Input. **Nach einer guten Trainingsperiode schaffen wir eine bessere Leistung mit viel weniger Einsatz.** Es ist der Traum eines jeden Arbeitnehmers – gleiche Arbeit für gleiches Geld aber mit viel weniger Anstrengung. Wunderbar. Wirtschaftswissenschaftler und Unternehmenslenker werden nun aufschreien und die Kunst des sportlichen Entwickelns verfluchen. Die Leute arbeiten ihre Arbeit ab, entspannen sich dabei, könnten aber eigentlich viel mehr! Unser intelligent konstruierter Körper ist ein Wunderwerk der Natur. Der menschliche Körper ist keine Maschine und es führen keine fest definierten Produktionsprozesse zum Output. Nur sehr eingeschränkt funktioniert er mit Geld (das ist dann eher der Kopf und trotzdem springt niemand für doppeltes Geld doppelt so hoch) und aus diesen Gründen haben wir auch mehr Möglichkeiten, erfolgreichere Wege zu gehen, als das eine Maschine oder ein Automobil können. Am Anfang einer Saison bin ich volle Pulle gerade um die 11 Sekunden über 100 Meter gelaufen, nach ein paar Rennen und Superkompensationsintervallen konnte ich locker 10,90 Sekunden joggen.

Und weil unser Körper intelligent ist, weiß er seine Ressourcen einzusetzen. Im Umkehrschluss bedeutet mehr Output mit weniger Input, dass man seine Grenzen verschieben kann. Beim ersten Mal ist es eine Überraschung, beim zweiten Mal Bestätigung, beim dritten Mal Routine. Plötzlich hat man ein Level erreicht, das außerordentlich ist. Sich derartig zu entwickeln hat seinen Reiz, und wenn man am Ende noch ein paar Reserven für das wahre Überraschungsmoment hat und volle Pulle all sein Können zeigt, dann schlackert selbst der Chef freudig mit den Ohren.

Trotz allem erfordert die eigene große Leistung zu Beginn eine lange Phase der Investition. Diese Phase kann mühsam sein, dabei aber sogar Spaß machen. Sie ist ein Auf und Ab und fordert uns. Aber der Einsatz lohnt sich. Denn mit gezieltem Einsatz der Trainingsreize werden wir nicht nur beim anderen Geschlecht eine ganz ausgezeichnete Entwicklung erfahren ...

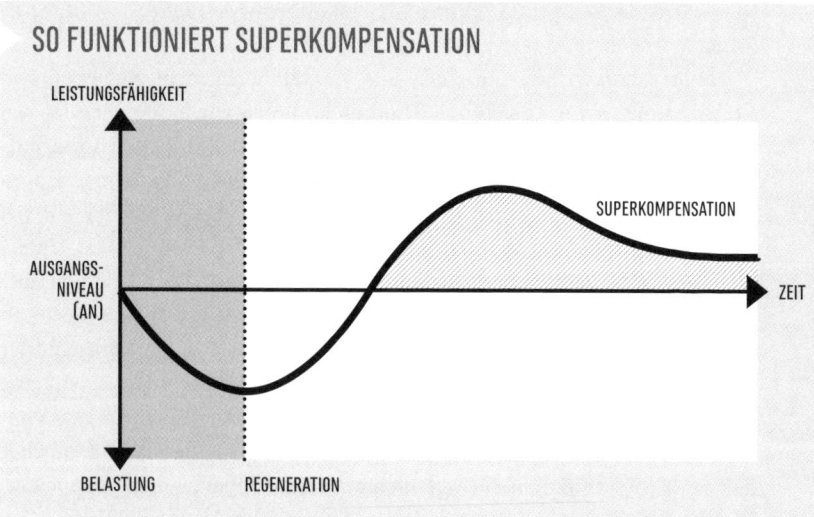

Wie sich aus der Grafik ersehen lässt, befinden wir uns erst auf einem Ausgangsniveau (AN), das den momentanen Leistungsstand darstellen soll. Bei meinem Kadertest der Stabhochspringer waren das null Klimmzüge. Danach sagte mein Vater, dass ich für zehn Klimmzüge zehn Mark erhalten würde

3

(irgendwie funktioniert der Körper doch mit Geld?!), also trainierte ich und zog so lange an irgendwelchen Stangen und Bäumen, bis der Muskel immer müder wurde.

Wenn wir uns einem Training aussetzen, dann ermüden wir zwangsläufig. Wenn wir aus der vollen Belastung einen wichtigen Termin hätten, liefen wir Gefahr, nicht unser Optimum zeigen zu können. Sinn und Zweck eines Trainings ist, dass wir erst einmal schlechter werden und ermüden! Warum also legen wir uns nicht einfach als Sofakartoffel (nicht so viele Anglizismen!) vor den Fernseher und genießen unser Ausgangsniveau? Manchmal frage ich mich das auch und wer sein Leben so liebt, wie es ist, der kann das machen. Allerdings liegt es leider in der Natur des Sportlers (und des Menschen im Allgemeinen), dass man sich selten mit dem zufriedengibt, was man hat. Wer Kreismeister ist, will Landesmeister werden, wer kein Englisch kann, will endlich zur Couchpotatoe mutieren, und wer eine Millionen Euro auf dem Konto hat, will zwei Millionen.

Wer kennt es nicht, dass berufliche Herausforderungen erst einmal tierisch anstrengen können, aber rückblickend als wahrhaft glückliche Fügung erscheinen? Das soll nicht heißen, dass Sie in den Urlaub fahren (Regeneration) und urplötzlich befördert werden, weil Sie so frisch und erholt aussehen. **Die Erfahrung der Belastung von Körper und Geist führt zu einer Verbesserung des Gesamtsystems.** Irgendwann hat der Körper die Information »Belastung ausgleichen und überkompensieren« umgesetzt und das nächste Level eingeleitet – und jetzt kommen wir zur hohen Kunst der Reizsetzung. Wann ist das nächste Level? Wann kommt der nächste Reiz? Damit wir uns richtig verstehen – in diesem speziellen Fall trifft der Spruch: »Nicht mit Reizen geizen« nicht zu! Soll heißen: Reize richtig setzen! Wer das nicht beachtet, der wird sich langfristig nicht verbessern und seiner Gesundheit schaden. Folgen sind Unkonzentriertheit, Nachlässigkeit, Fahrigkeit oder sogar Burn-out. Alles hat zur Folge, dass man seine Potenziale nicht auf den Punkt einsetzt und sich fortlaufend verschlechtert.

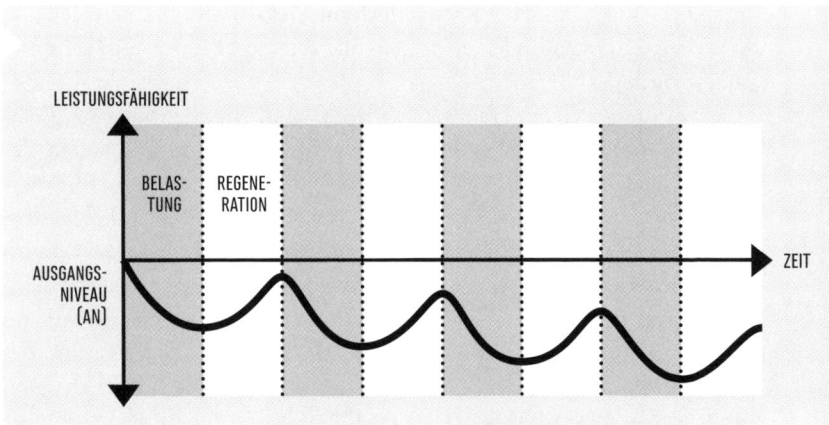

In dem hier aufgezeigten Fall sind die Erholungspausen zu gering. Der Sportler ist überehrgeizig und weiß, dass er für große Leistungen auch Großes leisten muss. Er trainiert immer weiter und ignoriert den Ermüdungszustand seines Körpers. Jeden Tag, den er nicht trainiert, verbessert sich die Konkurrenz – glaubt er. Der Arbeitnehmer hat vielleicht einen so vollen Schreibtisch, dass er keine Zeit hat, Luft zu holen. Der Selbstständige schraubt seine 100-Stunden-Woche auf 112 Stunden hoch, weil er gelesen hat, dass der Mensch nur acht Stunden Schlaf am Tag benötigt – und weil er über 50 ist, reichen auch sechs Stunden Schlaf, also 128 Stunden Arbeit. Die Leistungsfähigkeit ist sicher bei allen auf einem hohen Niveau, da sie es gewohnt sind, unter stressigen Bedingungen zu arbeiten, aber besser werden sie auf diese Weise nicht. Je nach Ausmaß der Missachtung der eigenen Leistungsfähigkeit kann es sogar so weit kommen, dass das Ausgangsniveau gar nicht mehr erreicht wird, weil Frische, Leichtigkeit oder Belastbarkeit fehlen.

CHANCE DES LEBENS

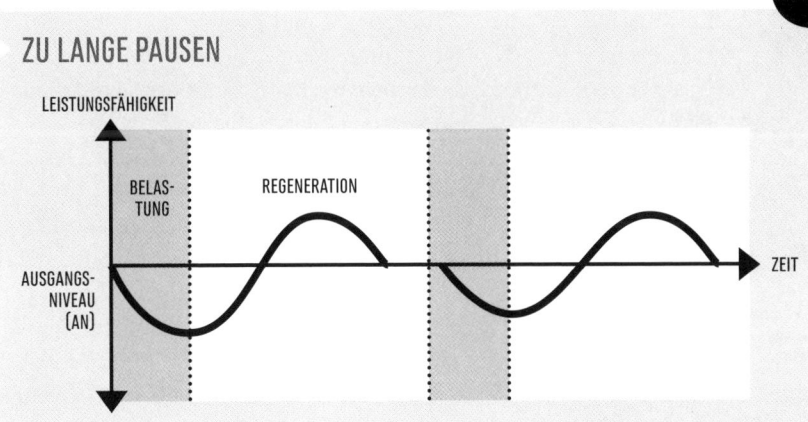

ZU LANGE PAUSEN

Das andere Extrem im Sport ist die Übervorsicht. Man wartet einfach so lange, bis man das Erlernte wieder verlernt hat. Dann ist es so, als wäre nichts passiert, obwohl man Zeit und Energie investiert hat. Werden Körper und Geist nicht mit Folgeinformationen gefüttert, schaltet das System auf das Ausgangsniveau zurück, weil es den Verdacht hat, dass dieses »Training« nur ein einmaliger Ausrutscher war und die neue Information nicht benötigt wird.

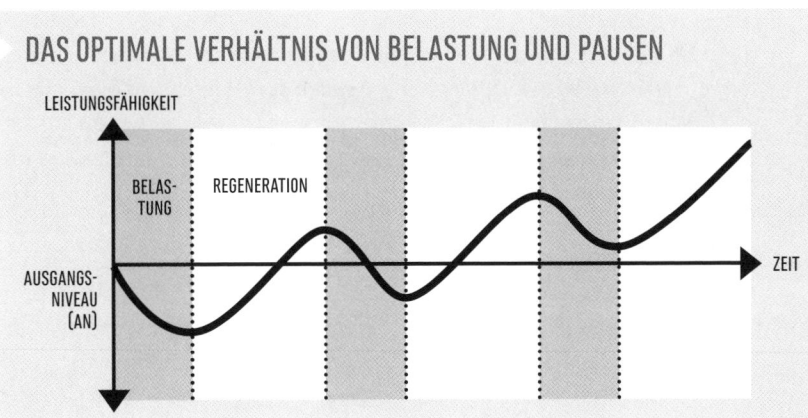

DAS OPTIMALE VERHÄLTNIS VON BELASTUNG UND PAUSEN

Wer sich richtig einschätzt, Belastungen und Pausen in ein intelligentes Wechselspiel bringt, sich zurücknimmt, wenn er es kann und braucht, und Vollgas gibt, wenn es nötig ist, der beherrscht die Kunst der Superkompensation und wird sich stetig und kontinuierlich verbessern.

DIE WAHRE KUNST: DAS RICHTIGE GESPÜR FÜR SICH SELBST

Aber wer schafft es schon, Belastungen und Pausen perfekt auszubalancieren? Und wie sieht die optimale Pause aus? Der Chef verlangt Unmenschliches, die schleppende Konjunktur Überirdisches. Die Wochenenden sind mit irgendwelchen Geburtstagsfeiern vollgestopft und die leistungssteigernde Regeneration unmöglich. Es gibt kein Patentrezept. Manche Menschen arbeiten 100 Stunden in der Woche und entspannen dabei, andere sind mit einer halben Stelle dermaßen gestresst, dass sie sich nicht entwickeln können.

Es ist es unabdingbar, ein Gespür für sich zu entwickeln und dafür, wie weit und wie oft man sich belasten kann. Wer allzu oft im »roten Bereich« dreht, muss es schaffen, sich Inseln zu setzen, die ihn wieder runterbringen. Wer das nicht schafft, wird sich nicht entwickeln oder, um in der Sprache des Sports zu bleiben, irgendwann verletzt die Karriere beenden. (Im Gegensatz dazu gibt es übrigens das Bore-out-Syndrom, das durch unglaubliche Langeweile ähnliche Leere verursacht wie das entgegengesetzte Überdrehen.)

Man braucht also ein Gespür für die eigenen Belange. Niemand ist wichtiger als man selbst. Das ist weder egoistisch noch selbstherrlich. Derjenige, der sich kennt, kann die Warnsignale des Körpers richtig werten. Frauen schaffen das viel besser als Männer. Sie gehen zum Arzt, bevor es zu spät ist, sie schalten einen Gang zurück, bevor sie überdrehen, sie passen auf sich auf. In der Natur des Mannes liegt es, dass er Mammuts erlegen muss und wenn sein Nachbar das größere Viech erlegt hat, fühlt er sich schlecht. Der Mann ist immer im Wettkampf, vergisst dadurch teilweise den Genuss am Leben und sich selbst.

Langfristig werden Zufriedenheit, Gesundheit und Erfolg aber nur da entstehen, wo man es schafft, seine Belange mit den Anforderungen zu decken. Natürlich muss für einen Ermüdungseffekt und die dann einsetzende Superkompensation erst einmal hart gearbeitet werden. Aber es hat schon seinen Sinn, weshalb wir keine Siebentagewoche und Jahresurlaub haben.

3

In den Ruhezeiten muss sich der Körper regenerieren, die normale Arbeit ruhen. So viel Spaß uns der Job auch macht, wir brauchen einen gewissen Abstand, damit wir unsere Akkus aufladen können, sich Erlerntes und Erlebtes setzen kann und wir gestärkt in die Woche starten können. **Also, genießen Sie Ihre freie Zeit und denken Sie daran, dass Sie nur da besser werden können.** Überlasten Sie sich in dieser Zeit nicht und machen Sie Dinge, die Ihnen Freude bereiten (das kann auch Marathonlaufen sein). Man braucht kein schlechtes Gewissen haben, wenn man ein Projekt nach einer langen Zeit der Bearbeitung kurz mal ruhen lässt. Kompensieren Sie Ihre Belastung durch einen Ausgleich und denken immerzu: »Super!«

4. EINZIGARTIGKEIT DER CHANCE

Wir sind nur ein Bruchteil von allem, aber in unserem eigenen Universum der Fixstern, um den sich alles dreht, und der die einzige Konstante darstellt, die wir selbst beeinflussen können. Daher ist es hilfreich, sich auch auf seine Fähigkeiten zu konzentrieren und die eigenen Talente maximal auszuschöpfen. Es gibt nichts Schlimmeres, als sich eines Tages eingestehen zu müssen, dass man in der Vergangenheit einen entscheidenden Fehler gemacht hat, indem man die Chance seines Lebens nicht wahrgenommen hat. Hätte das Spermium nicht diesen entscheidenden Schritt unternommen, zu unbekannten Ufern aufzubrechen, wäre aus ihm niemals ein Mensch geworden. Wäre es verschüchtert zurückgeblieben, dann wüssten Sie nicht, was Sie auf Erden verpassen. Mit Chance ist im Allgemeinen etwas Gutes und Außergewöhnliches verbunden und so wollen wir sie auch sehen.

NIE WIEDER »HÄTTE«, »WENN« UND »ABER«

Jede Chance ist mit einem gewissen Maß an Aufwand verbunden: Wir müssen eine Situation erkennen, die richtigen Schlüsse daraus ziehen, überlegen, was wir mit dieser Situation anfangen können und – jetzt wird es schwierig – handeln. Jeder kennt Ausdrücke wie »Hätte ich damals die richtige Entscheidung getroffen, dann wäre ich heute Millionär!«, »Wenn ich mein Talent erkannt hätte, dann wäre ich im Sport ein Großer geworden!« oder »Ich wäre genau der Richtige für den Job gewesen, aber mein Chef hat seinen

Kegelbruder zu seinem Nachfolger gemacht!«. Hätte, wenn und aber – drei Wörter, die in unserem Wortschatz einen vollkommen normalen Platz eingenommen haben. Hätte, Wenn und Aber haben im Wortschatz von Zögerern und Haderern eine übergeordnete Stellung und werden allzu gern verwendet, um vertane Chancen zu rechtfertigen und eigene Unzulänglichkeit in anderer Leuts Verantwortung zu übergeben.

Es gibt Situationen, in denen wir nicht weiterwissen, in denen wir auf das kleine Quäntchen Glück hoffen, das uns den »Big Point« erzielen lässt. Wir hoffen auf etwas, das wir nicht beeinflussen können, aber gern steuern wollen. Haben Sie auf die Frage, wer Sie sind, auch diese Aspekte in Ihre Antwort einfließen lassen? Wäre mein Spermium ganz blau gewesen, wäre ich jetzt adelig. Wäre ich in der Besenkammer gezeugt worden, wäre ich nicht adelig, aber trotzdem reich. Diese Aufzählung ließe sich fortsetzen. Um es kurz zu machen: Ich bin ganz froh, wie es gelaufen ist.

Manches lässt sich ohnehin nicht beeinflussen, aber jeder kann unter den für ihn gegebenen Umständen sein Handeln optimieren. Lassen Sie sich auch so gern überraschen und sind Sie neugierig? Liefe alles nach Plan, wären wir irgendwann des Lebens müde, weil ja nichts mehr passierte und uns nichts mehr überraschen könnte. Spannend ist die Tatsache, dass es Menschen gibt, die Jasager sind, obwohl sie nicht alles abnicken, aber irgendwie den Mittelweg zwischen Leidenschaft, Begeisterungsfähigkeit, Entspannung und Überraschung gefunden haben, zu dem stehen, was sie tun und das mit vollster Überzeugung durchziehen.

WAS IST GLÜCK?

Streng genommen gibt es das Glück nicht im Plural. »Glücks« oder »Glücke« existieren nicht. Es kann aber auch nicht sein, dass Glück nur in einer bestimmten Form auftritt. Glück ist doch für alle da. Seine Ausprägungen sind so vielfältig wie die Sichtweisen. Glück ist positiv behaftet, aber scheinbar nicht beeinflussbar. »Glücklich sein« scheint greifbarer und besser vorstellbar. Und wir brauchen gar kein Glück, wenn wir eine Chance bekommen, und sie zu nutzen wissen. Chancen haben wir uns erarbeitet und mit der Zeit ein Gespür dafür entwickelt, wie wir sie annehmen können. Dabei spielt uns das Leben diesen anstrengenden Streich, dass wir nicht unbegrenzt Zeit für die Nutzung all unserer Möglichkeiten haben.

Wir müssen Chancen erkennen, wenn sie sich uns bieten. Dann brauchen wir uns nachher nicht in den Ausreden baden, dass wir unter anderen Umständen erfolgreicher gewesen wären. Jeder hat seinen ganz persönlichen Ausgangspunkt, von dem aus er sich entwickeln kann und zwangsläufig auch wird. Der eine nach unten, der andere nach oben. Nur wer mit offenen Augen durch die Welt läuft, manchmal stehen bleibt und schaut, auch mal rennt und sich anstrengt, der wird immer wieder diese Chancen sehen, die ihm ganz persönlich wie auf den Leib geschnitten zu sein scheinen – und sie auch nutzen.

5. DIE KOMFORTZONE

Lange habe ich gegrübelt, wie ich Ihnen das Folgende klammheimlich unterjubeln kann, ohne dass Sie merken, was ich von Ihnen will. Als mir dieses nun zu beschreibende »Ding« vor einigen Jahren zum ersten Mal vorgestellt und vor Augen geführt wurde, dachte ich nur: »Mann, was'n geiles Teil!« Man musste nur einen kleinen Schritt tun, scheinbar einen einzigen Hebel umlegen und das Schwierigste war geschafft. Der Ursprung allen Übels konnte durch Erkenntnis dieses Mechanismus' behoben werden. Ich war vollkommen überrascht davon, wie einfach das Leben doch sein konnte. Bei genauerer Betrachtung war mir das Ganze auf der einen Seite unglaublich fremd, aber dann auch wieder einleuchtend, sodass ich komplett nachvollziehen konnte, wie wir den Erfolg auf ganzer Linie einleiten würden. Wovon ich hier rede? Von der Komfortzone! Diesem netten, kuscheligen Fleckchen, in dem wir unseren Alltag verbringen, in dem es gemütlich ist, aber nicht besonders aufregend, der vertraut ist, aber in dem wir alle Möglichkeiten schon ausgeschöpft haben. Nur wer den Schritt aus seiner persönlichen Komfortzone herauswagt, kann feststellen, welches bislang unentdeckte Potenzial noch in ihm schlummert.

Bei mir gab es da nur ein kleines Dilemma: Als Sportler kannte ich die Komfortzone nicht oder nur sehr milde. Ich suchte mein Heil ja ohnehin in der Fremde – auch wenn ich auf Altbewährtes zurückgriff. Und ich wusste, dass ich nur an mein Ziel gelangen konnte, wenn ich meinen Weg ging und dem alles unterordnete, was mich davon abbringen konnte. Im Sport fühlte ich mich sauwohl und immer wenn ich mich sauwohl fühlte, unternahm ich Bemühungen, die für andere auf den ersten Blick befremdlich schienen, und auf den zweiten Blick mit einer großen Relevanz für die Sache selbst behaftet waren. Als ich damals von dieser Zone hörte, wirkte diese durchaus anziehend auf mich und ich freundete mich schnell mit ihr an, weil sie mir half, zu benennen, wie ich meinen Weg gestalten wollte.

Auf der einen Seite war der Sport recht komfortabel. Dafür lohnte es sich, am Wochenende früh zu Bett zu gehen, dafür lohnte es sich, eine ausgewogene Ernährung mit Verzicht auf Sünden zu präferieren, für den Sport erbrachte ich Opfer, die ich niemals als Opfer angesehen habe. Ich fühlte mich richtig gut in dem, was ich tat und wollte genau das, was ich tat. Deshalb nahm ich scheinbare Hindernisse und Schwellen als Bestandteil des Ganzen und versuchte, für alles eine Lösung zu formulieren. Mich musste keiner zu dem treiben, was ich tat, ich war ein Getriebener für die Sache selbst. Wie ein Magnetfeld zog mich der Sport in seinen Bann, ohne dass ich mir jemals die Frage nach dem Sinn des Ganzen stellte. Ich gebe zu, dass man aus einer solchen Liebe selten zu etwas gezwungen wird, was man nicht möchte. Vielmehr wurde ich eins mit ihm. Da ich heterosexuell veranlagt bin, formuliere ich: Ich wurde eins mit ihr. Mit der Sport. Und das mit voller Inbrunst und einer Leidenschaft, die unerschütterlich war. Genau das entscheidet über Erfolg und Misserfolg. Das Verlassen der Komfortzone, Tag für Tag. Und wer den Schritt aus dem Bekannten ins Neue immer wieder tut, der verschiebt die Grenzen der Komfortzone immer weiter nach draußen und ist irgendwann da, wo noch kein Mensch vor ihm war.

Auf der anderen Seite werde ich tagtäglich von dieser vermaledeiten bequemen Zone umgarnt. Gerade als ich diese Zeilen schreibe, ruft mein Freund Björn an: »Geht ihr heute mit uns schwimmen?« Sein Sohn ist zwei Jahre alt und er geht seit Ewigkeiten zum Babyschwimmen. Mein Sohn ist ein Jahr und ich war seit Ewigkeiten nicht mal mehr beim Erwachsenenschwimmen. »Gute Idee! Aber nein, heute besser nicht!«, war meine Standardantwort Typ A, wie Ausrede. Ich wusste gar nicht, ob ich noch eine Badehose besaß und wenn dem so wäre, würde ich schnell fest stellen können, ob Motten Nylon fressen. Als guter Vater hatte ich schon seit Monaten darüber nachgedacht, mit meinem kleinen Sohn ein Schwimmbad aufzusuchen und mit ihm das Abenteuer Planschen anzugehen. Es gab nur ein Problem bei dem

3

Besuch eines Schwimmbads: Es war zu kalt! Der Orthopäde bestätigte mir kurz zuvor indirekt die Richtigkeit meiner Entscheidung, Schwimmbäder zu meiden. Beim Setzen einer Spritze staunte er, dass ich kein bisschen Unterhautfettgewebe besäße. Jetzt hatte ich es selbst von einem Mediziner bestätigt bekommen, dass ich nicht aus Verweichlichung fror, sondern aufgrund einer atypische Verschiebung meiner körperlichen Bestandteile.

In diesem körperlichen Zustand konnte ich also nicht schwimmen gehen, ich würde frieren. Deshalb blieb ich lieber zu Hause, genoss die Wärme um mich herum, enthielt meinem Körper eine Abhärtung und, noch viel schlimmer, meinem Sohn das Erlebnis Wasser vor. Trotzdem war das nicht der einzige Grund. Weil ich seit zehn Jahren nicht mehr in einem öffentlichen Schwimmbad war, wusste ich nicht, ob ich meine Tasche mitnehmen oder sie im Spind einschließen sollte. Diese Schlüssel mit den nassen Bändchen wären auch alles andere als steril. Am Boden lauerte der Fußpilz und bestimmt würde mir einer meine Badelatschen klauen, während ich im (viel zu kalten) Wasser wäre. Zu Hause war es warm, sicher und nicht eklig. Aber in der Badewanne lernte mein Sohn nicht schwimmen. Was also tun?

Sie sehen selbst, was für ein Angsthase ich bin. Ich mache mir Sorgen, auf die Sie gar nicht kommen würden. Wie war es damals als Kind bei Ihnen? Sie waren im Freibad, haben stundenlang im Wasser gespielt, hatten irgendwann eine Gänsehaut, dann blaue Lippen und am Schluss klapperten die Zähne. Und trotzdem mussten Sie von Ihren Eltern kurz vor dem Erfrierungstod herauskommandiert werden? So war es bei mir auch! Oder nur bei mir? Ich hatte ja auch kein Unterhautfettgewebe. Jedenfalls hatten wir alle einen Mordsspaß. Mich eingeschlossen. Frieren war super! Warum ist es das heute nicht mehr? Vielleicht, weil wir nicht frieren müssen und wissen, wie wir Kälte meiden können. Als Sie ein Kleinkind waren, da war es ein Abenteuer, aber heute siegen Erfahrung und Vernunft. Wir wissen, wie wir uns zu verhalten haben, um den ersten Schritt nicht gehen zu müssen. Es ist einfacher, alles so zu belassen, wie es ist. Das ist Arbeit! **Wie wir uns einer bestimmten Aufgabe stellen, hat immer mit der Ausgangssituation zu tun.** Wenn wir Dinge, die für andere unangenehm sind, als angenehm angenommen haben, dann sind sie ein Kinderspiel. Wenn wir es nicht anders kennen, dann kennen wir auch nicht die Alternative.

AUSWEITUNG DER KOMFORTZONE

Stellen Sie sich vor, Sie wären der erste Mensch der Welt. Die Evolution ging zwar schleichend vonstatten, aber vor etwa 52.000 Jahren hatte der erste Affe »Homo sapiens« auf der Klingel stehen. Der war ein Pionier. Der konnte sich nicht fragen, ob er gerade Lust auf den kalten Weg zum Supermarkt hatte. Wann immer er oder seine Familie Kohldampf schoben, jagte ihn seine Frau vor die Tür und er durfte erst mit Beute über der Schulter wiederkommen. Das war Arbeit. Immerzu stellte er sich die Frage, »Ramme ich dem Viech den Speer jetzt rein, oder gibt's heute wieder geschmorte Fenchelblätter?« Beim ersten Mal hat er noch gezögert, beim zweiten Mal ging es schon leichter und als er das Gefühl eines vollen Magens kannte, da stellte sich die Frage nach dem Tun nicht mehr. Dieses Verhalten hat sich im Lauf der Jahre als überaus erfolgreich erwiesen.

Das rasante Wachstum gipfelt in der fast bedrohlich wirkende Zahl von knapp sieben Milliarden Erdenbürgern, wenn Sie dieses Buch in den Händen halten. Dieses ungeheure Bevölkerungswachstum war nur möglich, weil es Menschen mit Visionen gab. Wenn Sie nun denken, »Nicht mein Thema, das übernehmen andere!«, vergeuden Sie Ihr Potenzial. Wenn Sie denken, dass es in den vergangenen 52.000 Jahren genügend Menschen gegeben hat und zukünftig geben wird, die Ihnen das ermöglichen, was Ihnen wichtig ist, dann denken Sie nicht weit genug voraus. Pionierleistungen sollen allerdings gar nicht in unserem Fokus liegen, sie sollen nur ein kleines Beispiel dafür sein, was der Mensch zu leisten imstande ist, wenn er alte Strukturen aufbricht, sie hinter sich lässt und nach vorn blickt.

Wagen Sie den Schritt raus aus der Komfortzone, rein ins Abenteuer und schon haben Sie die nächste Stufe der Karriereleiter erklommen. Wir müssen nur diesen einen kleinen Schritt tun und alle Dinge fügen sich von selbst zu einer großen Chance zusammen. Wir müssen nur noch zugreifen. So begeistert ich am Anfang meines Referentendaseins von der Komfortzonenphilosophie war, so genervt bin ich heute davon. »Tschaka! Wir können alles schaffen, was wir wollen, wir müssen nur aus der Komfortzone raus!« Ganz einfach. Hah! Ganz so einfach ist es dann doch nicht – aber es stimmt trotzdem.

▶▶ FAZIT

Nur wer sich aus seinem bekannten Umfeld herauswagt, wird Neues entdecken. Wenn Sie tagtäglich das immer gleiche Prozedere abspulen, dann werden Sie auch tagtäglich das immer gleiche Prozedere erleben. Die Komfortzone ist unser Alltag. Dort kennen wir uns aus, dort sind wir zu Hause. Sie heißt Komfortzone, weil es bequem und angenehm ist, sich dort aufzuhalten. Aber es bringt uns nicht weiter! Wir können es drehen und wenden, wie wir wollen. Mit welcher Tätigkeit genau jeder Einzelne die Komfortzone verlässt, kommt auf den jeweiligen, individuellen Blickwinkel an. Sicher ist nur, dass jeder die Komfortzone kennt, jeder eine hat und jeder ein gewisses Maß an Überwindung aufbringen muss, um sie zu verlassen.

DIE ROTE LINIE

Es ist dieses wohlige, heimelige Gefühl – man kennt die Situation, die Atmosphäre und man kann eine gewisse Zeit in die Zukunft blicken. Dann ist man mitten in der Komfortzone. Umgeben von einem Schutzwall, der nichts Unvorhergesehenes passieren lässt und dem man vollstes Vertrauen schenken kann. Man muss sich keine Gedanken über die nächsten Minuten machen und keine Probleme erwarten. Alles, was passieren könnte, prallt an diesem Schutzwall ab und kommt noch nicht mal in die Nähe der Betrachtung. man ruht. Alles um einen herum ruht. Zumindest scheint es so – doch hinter diesem Wall tobt das Leben. Menschen essen das erste Mal in ihrem Leben Herz und Nieren, andere sagen ihrem größten Widersacher die Meinung, wieder andere sprechen die Liebe ihres Lebens an, und noch mal andere denken bahnbrechend, stellen ihre Weichen ins Ungewisse und ernten das Hundertfache ihres Einsatzes. Aber Sie ruhen. Wie lange machen Sie das mit? Haben Sie das als Kind auch schon getan? Bestimmt nicht!

Kinder sind von Natur aus neugierig. Sie probieren und testen ihre Umwelt, wie es sich für Entdecker gehört. Sie kennen den Zusammenhang von Ursache und Wirkung nur vage und müssen ihn erkunden. »Vorsicht, die Herdplatte ist heiß!« – »Ja, lass die Alte reden«, dachte man beim ersten Mal und »Uuaah!«. Es gab kein zweites Mal. »Wenn du mit Stützrädern zu schnell um die Kurve fährst, fällst du um!« Was machte man? Entweder hinter den

Freunden als Letzter herschleichen oder lernen, sich auf zwei Rädern in die Kurve zu legen. Und all das tat man nicht, weil man Lust auf Angst hatte. All das tat man, weil man Lust auf Entwicklung hatte. Man wollte die nächste Stufe erklimmen. Und die konnte man nicht auf Stützrädern bewältigen. Gut, die verbrannten Finger hätten nicht unbedingt sein müssen, aber seitdem weiß ich zumindest, was »heiß« heißt. Das Übertreten der roten Linie, die die Komfortzone umgibt, beschert uns neue Erkenntnisse, die uns helfen, uns weiterzuentwickeln.

So erging es der Menschheit seit ihrem Bestehen. **Die Entwicklung der Menschheit schritt nur voran, weil es offenbar mehr Mutige als Ängstliche gab.** Weil die Evolution ein Faible für Helden hat. Und dieses Heldentum beginnt nicht beim Drachentöten. Dieses Überschreiten von Grenzen fängt im ganz Kleinen an – und muss im Grunde nirgendwo enden.

▶ AUFGABE

1. Notieren Sie bitte fünf Situationen, in denen Sie über Ihre Grenzen gegangen sind. Verwechseln Sie hier bitte nicht lebensrettende Maßnahmen mit alltäglichen Unannehmlichkeiten. Das Erste erfordert Mobilisierung autonomer Reserven und bietet keine Handlungsalternative, Zweites ist nur unbequem und wird hier gesucht.
2. Notieren Sie bitte fünf Situationen, in denen Sie an Ihrer roten Linie haltgemacht haben.

Was ist Ihnen leichter gefallen? Die Benennung Ihrer Grenzen oder die Überwindung derselben? Wenn es Ihnen womöglich gar nicht auffällt, dass Sie tagtäglich Grenzen überschreiten, sind Sie vielleicht der Typ Stabhochspringer oder 1.500-Meter-Läufer. Wenn Sie genau wissen, bis wohin Sie gehen können und wann Sie sich überwinden müssen, dann kennen Sie sich recht gut – und das ist gut so. Wenn Sie allerdings der Überzeugung sind, tagtäglich Weltbewegendes zu verändern und die Gesetze des Zögerns nicht Ihre sind, aber jeden Tag das Gleiche tun und das Highlight des Tages das Abendbrot ist, dann ruhen Sie entweder tiefenentspannt in sich oder sollten schleunigst ehrlich zu sich sein.

3

Im Rahmen von Seminaren ist das Folgende eine beliebte Aufgabe für die Teilnehmer: »Verlassen Sie hier und jetzt Ihre persönliche Komfortzone und gehen Sie über die rote Linie. Handeln Sie sofort!« Einzige Spielregel: Es darf niemand beleidigt oder verletzt werden. Was würden Sie tun? Gibt es etwas, was Sie eine unglaubliche Überwindung kostet und Sie dank dieses Freifahrtscheins zum Besten geben würden? Sie dürfen sich zum Gespött der Truppe machen und zwar aufgrund eines Arbeitsauftrags. Also fangen die Leute an zu singen. Und zwar nur die, die das nicht können. Grausam lustig. Die Chorknaben müssen sich nicht überwinden. Es singen nur diejenigen, die eine Luftpumpe für eine Querflöte halten. Aber es gibt auch die allgemeingültige Form der Zurschaustellung schlimmster Ängste: Striptease! Dabei sagte ich, niemand darf verletzt werden, auch nicht visuell! Trotzdem ist dies nur die leichte Variante, da der öffentliche Auftrag die Würze aus der Beschämung nimmt. Sich ohne Vorankündigung in die Fußgängerzone zu stellen und zu singen, das ist schon deutlich schwieriger. (Das Strippen lassen wir in der Öffentlichkeit besser, da das einen Besuch auf der Polizeiwache nach sich zieht.)

Überlegen Sie selbst – was kostet Sie Überwindung, obwohl es so leicht scheint? Wenn wir zum Beispiel morgens Brötchen essen wollen, dann müssen wir zum Bäcker und sie kaufen. Das Aufstehen ist als Vorbereitung unabdingbar. Sie müssen sich außerdem anziehen, Haare waschen und frisieren, wenn Ihnen das zu anstrengend ist, kaschieren Sie die Tolle mit einer Mütze und morgendliche Ausdünstungen können Sie mit einem mitgeführten Hund erklären. Haben Sie keinen, schaffen Sie sich ein Kind an. Die müffeln schnell mal aus der Hose und nehmen Ihnen jegliche Verantwortung für Ihre eigene mangelnde Körperhygiene. Haben Sie kein Kind, nehmen Sie einfach Deo. (Apropos Hund und Kind – Sie dürften mit diesen Weggefährten ohnehin keine Probleme mit dem Aufstehen haben.) Sie machen sich also fertig, stecken Ihr Geld ein, fahren oder gehen los und besorgen Backwaren. Wo war Ihre rote Linie? Wann haben Sie diese überwunden, wenn Sie keinen Hund und kein Kind haben? Beim Aufstehen, beim Betreten der kalten unwirtlichen freien Natur, bei Ankunft in der Bäckerei? Nur Sie selbst wissen es. Wenn dieser Vorgang vollkommen normal für Sie ist und es keiner besonderen Anstrengung bedarf, haben Sie vielleicht andere alltägliche Dinge, die Ihnen eine gewisse Form der Überwindung abringen.

Jeder Straßenmusiker fiedelt den ganzen Tag in der Fußgängerzone, jeder Stripper zieht jeden Abend blank. Diese Personengruppen befinden sich bei Ausübung der jeweiligen Tätigkeit vermutlich in der Komfortzone. Sie überschreiten die Grenzen nur durch Überwindung ihres Lampenfiebers. Das ist eine selbst gewählte Form der Bedrängnis, die mitunter sehr anregend sein kann. Beim Verlassen der Komfortzone geht es nicht darum, sich selbst zu verletzen. Trotzdem kann es manchmal wehtun und noch nie da gewesene Abläufe erfordern. Aber es geht nicht darum, sich auf eine Klippe zu stellen und zu testen, ob der Sprung nach unten gut geht. Das wird er nämlich nicht. Es geht um Überschreitung von Grenzen, um Neues zu entdecken. Es geht nicht um Schmerzvermeidung, sondern um Potenzialerweckung.

ABGLEICH VON AUFWAND UND NUTZEN

Was passiert eigentlich in uns, wenn wir etwas auf den Weg bringen wollen? Zu allererst betrachten wir unsere Ausgangssituation und stellen fest, dass wir den Status quo ändern wollen. Das tun wir aus unterschiedlichsten Gründen, die uns jetzt noch nicht interessieren sollen. Wichtig ist nur, wir sind hier und wollen woanders hin. Wir stehen am Start und wollen ein Ziel erreichen. Wie Start und Ziel aussehen, entscheiden Sie selbst. Auf diesem Weg spannt sich aber irgendwo eine rote Linie auf, die es zu überwinden gilt.

Grundsätzlich setzen Sie immer Aufwand und Nutzen in Beziehung und wägen Ihre Anstrengung ab. Wenn Sie auch Aufbackbrötchen mögen oder wie ich nicht schwimmen wollen, haben Sie eine nachvollziehbare Begründung für Ihr Handeln gefunden. Wenn Ihre Lust auf frische Brötchen aber größer ist als das Grauen vor dem kalten Badezimmer, dann haben Sie Ihren Nutzen derart zu Ihren Gunsten verschoben, dass Sie die rote Linie überschreiten können. Alles, was Sie tun, setzen Sie in den Kontext der Arbeit. »Wenn ich dieses oder jenes tue, möchte ich dieses oder jenes Ziel erreichen.« Und das soll den Ausgangszustand aus Ihrer Sicht verbessern.

Der Sportler trainiert, weil er dadurch besser wird als sein Gegner, der Arbeitnehmer geht arbeiten, weil er dadurch Geld für seinen Lebensunterhalt verdient und sich Träume verwirklichen kann. Der Arbeitnehmer, der nicht genügend verdient, um zu leben, und trotzdem arbeiten geht, macht

3

das für seinen Stolz. Stolz ist übrigens auch ein Beweggrund mit hoher Motivationskraft. Jeder Handelnde verändert durch sein Tun den Ausgangszustand mit dem Bewusstsein, das zu seinem Vorteil zu tun.

> ▶ **AUFGABE**
>
> 1. Suchen Sie sich aus der vorhergehenden Aufgabe das vermeintlich am leichtesten umzusetzende Vorhaben aus und gehen Sie es in unmittelbarer Zukunft an.
> 2. Notieren Sie, was Sie scheitern lassen könnte.

Was kann Sie auf dem Weg behindern? Sie kennen den Start und Sie malen sich ein Ziel aus. Das Ziel ist noch nicht erreicht und existiert nur in unserer Vorstellung. Der Sportler trainiert, weil er gewinnen will. Ich wollte immer gewinnen, Olympiasieger werden und als erster Mensch der Welt die magischen 9.000 Punkte des Zehnkampfs schaffen. Habe ich das geschafft? Nein, nichts von alledem. »Scheitern auf ganzer Linie«, kann man das nennen. Macht mir heute aber nichts mehr aus. Sie sehen selbst – auch wer Ziele hat, muss nicht zwangsläufig erfolgreich von seiner Mission zurückkehren. Solch übergeordnet große Ziele lenken uns momentan aber noch von den kleinen Dingen des Lebens ab, die nicht minder wichtig sind. Wichtig ist vor allem zunächst einmal die Zielbestimmung. **Wer für sich Ziele formulieren kann, der kann sie auch angehen.**

LIEBE ZUR SACHE

Für den Erfolg muss man die Komfortzone verlassen. Zu Beginn mit kleinen Schritten, dann mit größeren. Irgendwann fühlen sich größere Schritte an wie kleine und man kann unsagbar große Hürden überwinden. Nehmen Sie den Zehnkampf. Er dauert zwei Tage, von denen man maximal 28 Stunden auf dem Sportplatz ist. Betrachtet man die reine sportliche Zeit, die für das Wettkampfergebnis zählt, dann dauert er keine zehn Minuten. Und für diese läppischen zehn Minuten trainiert der Mehrkämpfer fast eintausend Stunden. Aber nur in der unmittelbaren Vorbereitung. Bis er Mehrkämpfer geworden ist vergehen unzählige Stunden mehr. Was für ein Ungleichgewicht. So viel Arbeit für so ein bisschen Spaß. Aber vielleicht ist die Arbeit vorweg auch der Spaß daran? Wer seine Dinge liebt, der billigt der akribischen Vorbereitung einen enormen Sexappeal zu – auch wenn es manchmal schweißtreibend ist. Oder, gerade deswegen! So funktioniert Training. Im Sport bin ich sehr selten in der Komfortzone geblieben. Ich habe es geliebt, aus ihr herauszugehen und ihr die Stirn zu bieten. Ich habe es geschätzt, Grenzen zu überwinden und mich zu überraschen. In meinem Sport war ich gut. In meiner Sportart sogar richtig gut. Manchmal glaube ich sogar, dass ich verdammt gut war. Was ich aber wirklich in Perfektion beherrscht habe, war eben das Verschieben meiner Grenzen. Ich habe im Sport Leistungen abgerufen, die meinem Potenzial entsprachen und ich habe sie durch Leidenschaft, konzentrierte Arbeit und eine Vision, die stärker war als alle Schmerzen, zum Vorschein gebracht. Oft verzweifelte ich, manchmal drohte ich zu zerbrechen und ich ertappte mich dabei, mich selbst zu bedauern. Aber noch viel öfter glaubte ich an das, was ich tat, ich liebte die Begeisterung, die ich für diese Sache entwickeln konnte, ich akzeptierte Probleme als Herausforderungen und brachte meinen geschundenen Körper immer wieder in Form. Ich fieberte wichtigen Wettkämpfen entgegen und fühlte auch bei dem achthundertsten Wettkampf meines Lebens die Aufregung eines Achtjährigen.

Das war, was ich konnte. Für eine Sache kämpfen, die ich liebte. Ich liebte sie über alles und tat alles in meiner Macht Stehende, um einen Traum zu verwirklichen, der es wert war, gelebt zu werden. Deswegen bin ich nichts Besseres als jeder andere Mensch dieser Welt, ich war 1996 nur in einer einzigen Disziplin, die man messen konnte, besser als 5.999.999.998 Menschen dieser Welt und nur ein anderer war besser als ich.

3

▶▶ FAZIT

Gehen Sie ab sofort über rote Linien. Wenn Sie zunächst keine sehen, stellen Sie sie für sich fest und überwinden sie. Raus aus der Komfortzone, rüber über die Linie, rein ins Vergnügen. Entdecken Sie Ihre Leidenschaft und das, was Ihnen wichtig ist. So einfach lässt sich das zusammenfassen. Nicht nur als Kind waren Mutproben etwas Besonderes. Mutproben bergen immer die Gefahr des Scheiterns, aber wenn man mit der richtigen Einstellung an die Sache rangeht, muss man ein Scheitern gar nicht als solches definieren, sondern kann es als Erfahrung nutzen. Tun Sie es einfach! Hinter der roten Linie lauert das Leben.

Ach so, und im Hallenbad war ich auch. Ausschlaggebend für diese Überwindung war zwar die Tatsache, dass ich meinem einjährigen Sohn ein Schwimmbad zeigen wollte, aber ich habe es getan. Ich übertrete auch in meinem Privatleben meine rote Linie und verlasse die Komfortzone. Manchmal zumindest. Nobody is perfect, aber ich gebe mir Mühe. Ich habe beschlossen, jetzt öfter dorthin zu gehen. Nachdem mein Sohn seine rote Linie überschritten und seinen Fuß in das Wasser gesetzt hatte, merkte er, dass eine anfangs Angst einflößende Sache auch ihm mitunter sehr viel Freude bereiten kann. Und ich konnte feststellen, dass das Wasser im Babybecken sehr viel wärmer ist als bei den Badekappenträgern. Es war fast alles perfekt. Nur neue Badelatschen muss ich mir demnächst mal kaufen …

4 TALENTSUCHE

TALENTSUCHE

1. VORAUSSETZUNGEN FÜR EINEN ERFOLGREICHEN LEBENSWEG

In einer Zeit, als Kinder noch nicht wussten, was ein Computer ist, geschweige denn eine Playstation, trug sich folgende Geschichte zu (wirklich so passiert): Als der erste Sprössling der Familie nach langem Kampf und einigen Turbulenzen das Licht der Welt erblickte, zog der stolze Vater schnell von dannen, um die Geburt seines Nachkommen zu verkünden. Da er und seine Frau Gemahlin und Mutter des Neugeborenen in ihrer Freizeit einen starken Drang nach Leibesertüchtigung verspürten, verdingten sich beide als Animateure des Sports (kurz »Trainer«).

Als Vater Trainer also das Krankenhaus verließ, um die frohe Kunde zu verbreiten (es war lange vor dem Zeitalter des mobilen Telefonierens) kam ihm auf seinem Weg ein Gedanke, der so abwegig nicht war: Um die Wichtigkeit seines Hobbys zu unterstreichen und dem Sohn eine Zukunft voller Spaß, Erfahrung und sportiver Körperexperimente zu ermöglichen, schlug er den alltäglichen Weg Richtung Sportplatz ein, um seinen Spross im ortsansässigen Sportverein als jüngstes Mitglied der Clubgeschichte anzumelden. In seiner Aufregung unterließ er es, die städtischen Einrichtungen von dem jüngsten Rentensicherer der Kommune zu unterrichten (was er aber wenige Tage später nachholte). Da war ich also. Was sollte mit so einer Geschichte anderes aus mir werden als ein Sportler?

Gern wird behauptet, es sei mir in die Wiege gelegt worden, das mit dem Sport. Aber eine sofortige Anmeldung und somit lebenslange Zugehörigkeit zu einem Sportverein zieht nicht zwangsläufig einen zweiten Platz bei den Olympischen Spielen nach sich. Wenn es so wäre, hätte ich meinen Sohn schon auf der Fahrt zur Entbindung im Sportverein angemeldet, dann könnte ich in 20 bis 30 Jahren endlich mal meinen Lebenstraum in Form einer Goldmedaille anfassen – aber wollen wir unseren Kindern das antun? Nicht erreichte Träume auf sie übertragen? Ich habe sein Leben nicht auf die Erlangung sportlicher Meriten ausgerichtet. Zur Verteidigung meiner Eltern muss ich das auch von ihnen annehmen. Mein Vater war mal Westfalenmeister – ich glaube nicht, dass er Weltmeisterschaften als langfristigen Plan hatte.

2. GENE DES SIEGERS

Die beiden Georges der Bush-Dynastie in den USA haben es geschafft, in zwei Generationen das Amt des mächtigsten Mannes der Welt zu bekleiden. George Walker musste nur beim Vater abschauen und dessen Fehler vermeiden. Das ist leichter als die Wissenschaft, weil 1+1 immer 2 bleibt, aber Krieg auch mal »präventiver Antiterrorkampf« heißen kann. (Man kann sich mit seiner Antwort also leichter um unangenehme Fragen herummogeln.) Der Senior stand dem Sohnemann bestimmt mit Rat und Tat zur Seite. Über Qualität in der Ausübung lässt sich streiten, da erstens keine Punktetabelle zum Vergleich genommen werden kann, wie das im Sport möglich ist, und zweitens hat jeder unterschiedliche Voraussetzungen. Sei es eine andere Zeit, ein anderer Ort oder andere Chancen. Mein Vater war nicht Präsident der Vereinigten Staaten, aber im Hochsprung einer der ersten Flopspringer in seinem Kreis.

Und was ist mit Wissenschaftlern, denen Bahnbrechendes gelungen ist? Treten deren Kinder in ihre Fußstapfen, müssen sie die Theorie von Vater oder Mutter verwerfen oder noch intelligenter weiterentwickeln. Die guten Gene setzen das voraus. Ein schweres Erbe. Eigentlich kann man da nur Mitleid haben. Gleiches gilt für eigentlich alle Nachkommen, da die Ahnen einen bestimmen Status quo erreicht haben. Egal, auf welchem Level sich alles bewegt, es wurde immer etwas vererbt und meistens besteht eine gewisse Erwartungshaltung. Wir alle werden immer an unseren Erzeugern gemessen und müssen einen festen Charakter haben, um damit umgehen zu können. Gute Gene sind Fluch und Segen, aber ohne sie ist alles nichts. Letztendlich liegt es im Ermessen des Besitzers, was daraus werden kann und wie er damit umgeht.

3. TALENT

Oder ist es einfach Talent – was in den Duden dieser Welt mit einer angeborenen Fähigkeit beziehungsweise mit der Begabung zu ungewöhnlichen oder überdurchschnittlichen Leistungen auf einem bestimmten Gebiet beschrieben wird? Nach dieser Definition schlummern in jedem von uns

Talente. Aber ist ein Talent durch Gene bedingt? Und wie finde ich mein Gebiet? **Vielleicht bin ich gar nicht mit dem Talent gesegnet, zu entdecken, auf welchem Gebiet ich talentiert bin.** Und wenn ich gute Gene besitze, muss ich nicht nach meinem Talent suchen, da es sich mir aufgrund der unglaublich guten Begabung von allein zeigen wird. Ganz einfach. Verwirrend.

Es gibt Menschen, die denken sich irgendeinen Quatsch aus, den sonst keiner macht, nennen die Veranstaltung Weltmeisterschaft und schmücken sich mit einem Titel, den ich zeitlebens vergeblich gewinnen wollte. »Sackhüpfen rückwärts mit verbundenen Augen auf einem Bein mit Luftanhalten« bringt bestimmt auch seine Weltmeister hervor. Wir müssen halt schauen, inwieweit wir unsere Talente zu unserem Vorteil nutzen können. Aber wenn Sackhüpfen rückwärts den ultimativen Spaß bringt, ist es diese Disziplin wert, ausgeübt zu werden.

Egal, wie wir es drehen und wenden: Jeder Mensch auf diesem Planeten besitzt Talente. Der eine in einem bestimmten Gebiet in sehr ausgeprägter Form, der nächste in vielen Bereichen nicht ganz so stark und wiederum der nächste in einer Disziplin, die ihm (noch) gänzlich unbekannt ist.

4. FÖRDERUNG

Ist die Entdeckung eines Talents vielleicht vor allem mit der fördernden Unterstützung von Potenzialen verbunden? Eltern, die ihren Kindern Möglichkeiten aufzeigen und sie bei ihrem Handeln unterstützen, können so besondere Begabungen fördern. In anderen Familien fehlt aufgrund nicht vorhandener Zeit oder Desinteresse an einer speziellen Sache das Gespür für die besondere Begabung des Nachwuchses. Vielleicht sind durch verschobene Interessen auch einfach nicht die Möglichkeiten gegeben, den Blick auf die »richtige« Begabung zu richten.

Bestimmt also unser Umfeld, ob wir unsere Begabung entdecken? Inwieweit haben wir es selbst in der Hand, uns mit diesen Begabungen in die »richtige« Richtung zu entwickeln? Gibt es richtig und falsch? Ein Zehnkampfkollege berichtete mir, dass er über die deutsche Wiedervereinigung sehr froh war, weil er plötzlich das machen durfte, was er wollte, und nicht mehr das machen musste, was ihm seine Begabung vorzugeben schien. Die Funktionäre des DDR-Sports hatten ihn als Jugendlichen vermessen und entschieden, dass er im Kanurennsport besser wäre als in der Leichtathletik. Also setzte man ihn in ein Boot und gab ihm ein Paddel in die Hand. Dann fiel die Mauer, er schmiss die Paddel fort, holte seine Spikes aus dem Keller, grinste bei der Ausübung seines Sports so lange ich ihn kannte zufrieden und bedächtig, staunte über die Qualen, die er ertragen konnte, und schaffte es sogar zu den Weltmeisterschaften. Unter Umständen wäre er im Boot erfolgreicher gewesen, aber nur in physischer Hinsicht. **Erfolg ist nur da, wo sich Körper und Geist vereinen.** Wer fortwährend gegen seine eigentliche Begabung arbeitet, weil er sich aus tiefstem Herzen nach etwas anderem sehnt, der wird trotz bester Voraussetzungen keinen Erfolg in »seiner« Disziplin haben.

Grundsätzlich können wir uns darauf einigen, dass die erfolgreiche Bündelung der Gene, gepaart mit Erlebnissen, Erziehung und Charaktereigenschaften die Quersumme aller Möglichkeiten ist. Es gibt ein gewisses Talent, welches angeboren ist und die Umsetzung vereinfacht. Dann gibt es die Gene, die eng mit dem Talent verquickt sind und die Ausübung einer bestimmten Begabung unterstützen. Und dann ist da die Neugier, die aufrechterhalten werden muss und nicht verkümmern darf. Dazu bedarf es der Förderung durch das direkte Umfeld und der Unterstützung in allen Dingen, die von Belang sind. Je nach Ausprägung des eigenen Charakters entwickeln sich Muster, die uns ein Leben lang begleiten. Aus diesem Grund gibt es Pioniere, die ganz Neues entdecken. Hätten sie die fachliche Begabung von den Eltern vordiktiert bekommen, wären sie wohl keine Pioniere geworden, sondern Weiterentwickler einer bestehenden Theorie.

Die Facetten des menschlichen Ausprobierens sind so vielfältig, dass zum Beispiel die Physik mehrere Generationen derselben Familie mit neuen Erkenntnissen überraschen kann. Es ist möglich, dass im Sport der jüngste Spross der Familie Sportler ist und eben nur den Eltern und Großeltern nachgeeifert hat. Aber es kann natürlich auch sein, dass mit der Entdeckung eines neuen Talents die bisherige Familientradition vollständig über den Haufen geworfen wird.

5. ANTRIEBSKRAFT NEUGIER

Als Baby vegetierte jeder von uns erst einmal nur so vor sich hin (egal, welche Heldensagen die Eltern heute über uns als Kleinstkinder verbreiten). Aber die Sinne schärfen sich von Woche zu Woche. Irgendwann greift man unbewusst nach Gegenständen, fixiert einzelne Punkte mit den Augen, berührt Dinge mit den Händen. Obwohl man nur auf dem Rücken liegt, bekommt man immer mehr von seiner Umwelt mit und soll ich Ihnen was sagen: Das ist Spannung pur. Besser als jeder Hollywood-Blockbuster. Man sieht das Leben und will daran teilhaben. Je nachdem, wie sehr sich die Umwelt mit einem beschäftigt, hat man mehr oder weniger Sinneseindrücke, aber trotzdem ist bei uns allen die Neugier die Gleiche. Den Drang, etwas Neues zu erleben, Unbekanntes zu erkunden, noch nicht Dagewesenes zu spüren, den trägt jeder Mensch in sich. Wir sind von Geburt an neugierig!

Als Kind gehen wir jeden Tag aus der Komfortzone, über die rote Linie, weil uns der Instinkt sagt, dass wir sonst verkümmern würden. Unsere Umwelt übernimmt die Animation und wir stellen uns immer wieder neuen Aufgaben. Jeden Tag, jede Woche, jeden Monat. Wir fliegen auf die Nase, schreien vor Schmerz und unsere Eltern trösten uns. Dann versuchen wir es erneut, da sich Kleinkinder nicht damit zufriedengeben, etwas nicht zu können. Sie suchen das Neue, nicht das Bekannte. Unsere Eltern lassen uns dann so auf die Schnauze fliegen, dass wir die Lektion lernen, keine Angst vor der Aufgabe bekommen und es wieder probieren. Immer wieder. Bis wir es können. Glauben Sie nicht? Wenn Sie das nicht täten, könnten Sie nicht laufen, nicht reden, nicht allein essen. Das haben wir uns alles selbst, na, sagen wir mal mit Anleitung, beigebracht, weil wir es wollten und eine Neugier in uns hatten, die uns zu etwas ganz Besonderen macht.

Als ich im Kindergarten ein Bild eines Freundes in der Zeitung sah, da kam die erste wirkliche Bewunderung in mir auf. Jener Freund war mit seiner Fußballmannschaft Stadtmeister geworden und posierte fürs Foto in einem Trikot des FC Barcelona. Ich hatte auf dem Sportplatz zwar tagtäglich mit Förmchen im Sand gespielt, auf der Hochsprungmatte Kieselköpper vollbracht und den 400-Meter-Sprint in 2,80 Minuten erledigt – aber ein Freund, der das Trikot des FC Barcelona trug, der war eine Lichtgestalt. Als

Fünfjähriger wusste ich, dass das Tragen eines Trikots Wettkampf symbolisierte, dass das Tragen eines solchen Trikots Klasse darstellte und dass das Tragen eben dieses Trikots Weltklasse offenbarte. Mein Kindergartenfreund spielte Fußball beim FC Barcelona. Das war klar. Sonst würde er ja nicht mit dem Ding umherrennen. Das wollte ich auch. Pfiffig wie ich war, kam ich allerdings blitzschnell dahinter, dass man sich Trikots dieses Vereins in jedem gut sortierten Supermarkt kaufen konnte und mein Freund etwa 1.450 Kilometer nördlich der spanischen Metropole kickte. SG Hillen war zwar nicht Barcelona, aber Hauptsache Italien, würde der Kicker jetzt sagen. Ich war ab sofort dabei. Die Neugier, die mich disziplinfremd in ein neues Abenteuer stürzen ließ, ist als Kind viel einfacher zu entfachen als im Erwachsenenalter.

6. MACHT DER ERLEBNISSE

Doch im Lauf der Zeit scheint diese Neugier verloren zu gehen. Es kann an fehlender Bestätigung liegen, am Umgang mit »falschen« Freunden oder Hoffnungslosigkeit, weil zu viele Enttäuschungen zusammenkommen. Plötzlich haben wir das Kindsein verlernt und bewegen uns in einem tristen Alltag, in dem jede Reaktion der anderen hart erarbeitet werden muss. In dieser Stimmung ist es schwer, den Schritt aus der Komfortzone, über die rote Linie zu tätigen und beim Erreichen eines neuen Zustands überrascht zu sein oder wenigstens so zu tun. Ist es nicht auch ein wenig affig und naiv, wenn wir uns tagtäglich überraschen lassen wollen? Ist es nicht nervenaufreibend, sich tagtäglich dazu zu zwingen, unsere Prinzipien über den Haufen zu werfen, nur um über diese dusselige rote Linie zu gehen, um die viel beschworene Komfortzone zu verlassen? Wir sind doch kein Kleinkind mehr, und ein wenig Beständigkeit in unserem Tun hat auch etwas mit Würde zu tun. Irgendwann will jeder mal ankommen. Ohne Gefahr hinter der nächsten Ecke.

Können wir wirklich mit so viel Einfalt durchs Leben streifen, dass wir das Kind im Manne (oder in der Frau) niemals gänzlich vergessen? Es gibt diesen Zustand – den Zustand, der uns aus der Komfortzone bewegt, ohne dass wir es wirklich merken! Man könnte auch sagen: Wir integrieren einfach die Neugier und das Entdecken neuer Dinge in die Komfortzone.

▶ AUFGABE

1. Nehmen Sie sich einen Moment Zeit und notieren Sie all die Erlebnisse, die Ihnen in Ihrer Kindheit Freude bereitet haben und an die Sie mit gutem Gefühl zurückdenken.
2. Markieren Sie all die Erlebnisse, mit denen Sie heute noch konfrontiert werden. Als Beispiel sei genannt: Wenn Sie früher gern in den Zoo gegangen sind und heute dort arbeiten, dann haben sie Ihre Passion zum Beruf gemacht.

Wie viele Erlebnisse fallen Ihnen spontan ein? Sind es fünf, zehn oder gar zwanzig? Wie viele haben Sie über die Zeit gerettet, die Sie bis zum heutigen Tag genauso oder in abgeänderter Form wiederholen? Maximal zwei? Aus einem Erlebnis und Interesse könnte Ihre Berufswahl entstanden sein und aus einem anderen ein Charakterzug, der Sie bis heute begleitet. Bei jemand anderem mögen es vielleicht ein paar Kindheitserinnerungen mehr sein, die sich gut eingeprägt haben. Vielleicht haben Sie aber auch das genaue Gegenteil erlebt. Aus einer Erfahrung in frühen Jahren haben Sie eine Lehre gezogen, die Sie geprägt hat. Dies zu wiederholen, wollen Sie heute unter allen Umständen vermeiden und beherrschen das auch in Perfektion. Das soll aber jetzt zunächst nicht weiter interessieren.

Konzentrieren Sie sich auf die schönen Momente. In diesen schönen Momenten haben Sie sich wohl gefühlt und in genau diesen Momenten haben Sie Ihren Charakter geformt. Natürlich sind Sie geprägt durch Gene, Talent und Ihr Umfeld, aber auch Erlebnisse in der Kindheit prägen für das ganze Leben. Für Ihre Zukunft haben Sie sich ja sicher nichts ausgesucht, was Ihnen jeden Tag einen unangenehmen Stress in die Hirnrinde haut. Der von Ihnen gewählte Stress fordert Sie positiv heraus. (Wenn Sie etwas tun, das Sie nicht können – mein Mitleid, bis zur Rente ist's noch lang!)

Jedenfalls haben Sie sich entschieden und sich in diversen Dingen ausprobiert. Kinder dürfen das. Sie testen, wie weit sie gehen können, sie gehen an ihre Grenzen und über sie hinaus. Erwachsene tun das nur noch selten. Sie kennen ihr Leben. Und wissen, was sie können und was nicht. Deshalb entwickeln sie ein Gespür für ihre Fähigkeiten. Gehen Sie in sich und überlegen, was Sie können und was Sie nicht können. Überlegen Sie auch, was Sie nicht können, aber gern können möchten. Gibt es eine Chance, das anzugehen? Ist sie vollkommen unrealistisch oder sind es die Erfahrungen, Erlebnisse und Vorgaben Ihres Umfelds, die es so erscheinen lassen? Kein Sportler denkt zu Beginn seiner Karriere ernsthaft daran, Olympiasieger werden. Er durchläuft eine Entwicklung, die ihre Zeit braucht. Geben Sie sich diese Zeit und arbeiten Sie an dem, was für Sie ganz persönlich zählt. Es lohnt sich.

7. MIT KINDLICHER LEICHTIGKEIT

Ich war mit meiner Frau im Urlaub. Das ist nichts Besonderes, aber wir waren in den USA und dort gab es eine Kinderspielhölle. Als wir am Eingang dieses Etablissements vorbeikamen, war mein kindlicher Spieltrieb geweckt. Meine Frau zierte sich und hatte Probleme, ihren Fuß über die Schwelle zu setzen. Da wir zu der Zeit noch kinderlos waren, sah sie keine Veranlassung, sich dort den Rücken krumm zu stehen. Die Spielautomaten waren ergonomisch perfekt für Zocker mit Körpergrößen bis 1,30 Meter.

Ich setzte mich durch und wählte als erstes Spiel »Crocodile hunting«. Mit einer schaumstoffgeschützten Keule musste man den fünf Krokodilen, die abwechselnd aus ihrer Behausung kamen, auf das offene Maul hauen. Ich nahm den Hammer, stellte mich breitbeinig und gebückt vor die Maschine, sodass ich bestens in Schlagposition war, warf das Geld ein und wartete auf das erste Krokodil. Eins kam raus und – bamm! – zog ich ihm eins über. Das nächste – bamm – getroffen. Dann kamen zwei auf einmal – bammbamm – ich verprügelte fast alle Krokodile, ließ die Keule fliegen wie einst Fred Feuerstein und blendete alles um mich herum aus.

Das Desinteresse meiner Frau und die Verleumdung unserer Zusammengehörigkeit ebbten mit jedem meiner Jubelschreie ab. Es schien sowieso alles verloren. Niemand würde denken, dass wir nicht zusammengehörten. Oder besser gesagt, jeder wusste, dass wir ein Paar waren. Ein halb bekloptes Paar. Sie steht da und schaut ihrem sechsjährigen Gatten beim Krokodileverprügeln zu. Aber ich war nicht schlecht. Die Gewinntickets schossen aus dem Automaten und ich wollte weiterspielen. Ich überredete meine Frau zu einem Spiel. Sie nahm sich leicht eingeschüchtert den Hammer, zog dem ersten Reptil eins über und entwickelte eine kindliche Leichtigkeit. Sie lachte und haute, sie juchzte und klopfte. Ich feuerte sie an. Wir waren in die Welt eines Kindes eingetaucht, ohne es so wahrzunehmen.

An meiner Schilderung merken Sie, wie viel Freude wir daran hatten. Eigentlich macht man so etwas nicht. Man hat keinen Spaß an Spielen, die für Menschen gemacht sind, die noch nicht wissen, dass das Geld, welches man in den Automaten steckt, durch harte Schufterei verdient werden muss. Wir sind aber auch nicht »man«. Wir sind wir. Und in dem Fall war es mir egal, was andere denken, und ich habe mich nur auf meinen Spaß konzentriert.

Was soll diese kleine Geschichte zeigen? Ich arbeite weder in eine Spielhalle, noch repariere ich zerdroschene Automaten. Vielmehr habe ich mit einem kindlichen und offensichtlich kindischen Erlebnis unglaublich viel Spaß gehabt. Ich konnte sehen, dass es mir gefällt, zu gewinnen und meine Grenzen zu erfahren. Ich hatte den Highscore des Tages zwar nicht erreicht (und ich hoffte inständig, dass vor uns noch ein paar Erwachsene gespielt hatten), aber ich hatte meinem Spieltrieb freien Lauf gelassen.

Was haben wir mit den Gewinntickets gemacht? Wir haben nach etwa einer Stunde einem Mädchen die Coupons in die Hand gedrückt und sind gegangen. Wenn Sie die Augen dieses Kindes gesehen hätten, dann wüssten Sie, wie sehr es sich gelohnt hat, dort zu spielen. Pädagogisch lässt sich unser Handeln natürlich monieren, weil dieses Mädchen in 30 Jahren auf den Zettel seiner größten Kindheitserlebnisse schreibt, dass »Gewinncoupons geschenkt bekommen« das Schönste war – und das ganz ohne Arbeit.

▶▶ FAZIT

Haben Sie Mut zu dem, was Ihnen Spaß macht. Seien Sie nicht gewollt albern oder kindisch, aber seien Sie authentisch. Wenn der Diskuswerfer meint, grimmig dreinschauen zu müssen, weil es alle Konkurrenten auch so machen, er aber in seinem Kern ein Mensch ist, der lieber grinst, dann verbiegt er sich und bringt nicht seine Leistung. Manchmal hat man es schwer, wenn man der Norm nicht entspricht, aber trotzdem macht genau das besondere Menschen besonders. Normal kann ja jeder.

STREBEN NACH GLÜCK

1. ANERKENNUNG

Im allgemeinen Sprachgebrauch heißt es allzu gern, dass der Weg des geringsten Widerstands selten von Erfolg gekrönt ist. Wenn wir diesen leichten Weg aber einmal anders betrachten und die Sichtweise herumdrehen, dann lässt sich auch sagen, dass dieser Weg deshalb den geringsten Widerstand für uns mitbrachte, weil wir ein bestimmtes Talent oder Interesse hatten, das ihn für uns leicht machte. Für mich wäre es nicht leicht (um es euphemistisch auszudrücken), einen Menschen zu operieren, für einen Chirurgen ist es das sicher auch nicht, aber er hat die nötigen Techniken erlernt und vollführt schwierigste Lebensrettungsmaßnahmen mit einer seelenruhigen Akribie. Wenn er hingegen den Ölfilter seines Autos ersetzen soll, dann wird er diesen unvorstellbar schwierigen Auftrag möglicherweise lieber an Menschen weiterleiten, die das können. Jeder ist Spezialist in seinem Gebiet, dem er sich mit größtmöglicher Sorgfalt widmet und die spezifischen Schwierigkeiten als dazugehörig annimmt. Das ist für ihn also ein leichter Weg, weil er Lust darauf hat. (Wer den Weg des größten Widerstands gegangen ist, der hat einen ausgeprägten Hang zum Masochismus und verdient ebenfalls größten Respekt.)

Es hat etwas mit Liebe zu tun. Liebe tut manchmal weh, aber meistens macht sie uns glücklich und dann nehmen wir auch Herausforderungen gern an. Wir meistern sie, sind stolz auf uns und bleiben unserem Weg treu. Also ist der Widerstand letztlich viel geringer als unser Wille. Es wurden alle anderen Dinge aussortiert, für die man kein Talent oder Interesse aufbringen konnte und man entwickelt zielstrebig neue Fertigkeiten, die daraus resultieren. Als erstes Feedback erhält man von den Eltern ein »Boah, toll!« und kommt relativ schnell dahinter, dass ein »Boah, toll!« bei allem zu hören ist, was nicht durch »Nein, lass' das bitte!« verhindert wird. Da man sich genauso schnell an seine Fähigkeiten gewöhnt, wie das die Eltern beziehungsweise das Umfeld tun, fühlt man sich zu Höherem berufen und geht zwangsläufig an seine Grenzen.

Der vorangegangenen Schilderung konnten Sie entnehmen, dass es der Lauf der Menschheitsgeschichte ist, dass man sich nicht mit Bekanntem zufriedengibt und sich neue Reize und Aufrechterhaltung des Interesses nur mit Dingen beschafft, die so noch nicht vorhanden waren. Da Sie ein Homo sapiens mit einem bestimmten Intelligenzquotienten sind, der auf jeden Fall höher ist als der des gemeinen Schimpansen, begnügen Sie sich nicht mit lausen und spielen. Ihre Ansprüche an sich und Ihre Umwelt wachsen mit jedem erfolgreich abgeschlossenen »Experiment«. Ein lieblos dahergesagtes Lob reicht Ihnen nicht mehr. Sie wollen mehr und suchen in der Entwicklung Ihrer Fertigkeiten Ihr Heil. Unsere Fähigkeiten sind im Gegensatz zum Affenrudel viel intellektueller und feiner abstimmbar. Der Alphaaffe führt den ganzen Haufen und verlangt von allen Umherlaufenden Ehrerbietung.

Wir freuen uns, wenn Ranghöhere unser Tun beachten, respektieren und anerkennen. Diese Anerkennung veranlasst uns, auch bei Rückschlägen an die positiven Erfahrungen zu denken und es nochmals auszuprobieren. Bei Gleichgestellten freuen wir uns über Anerkennung und wissen, dass es vom Gebenden selbst außer gewöhnlich ist, oder aber die eigene Leistung exorbitant gut sein muss, wenn auf dieser Ebene gelobt wird. Eine offen ausgesprochene Anerkennung eines Rangniederen lässt sich schwer einschätzen, da hier wirkliche Bewunderung, korrekte Einschätzung oder Speichelleckerei der Ursprung des Lobs sein kann.

Es wird mit zunehmendem Alter und steigender Erfahrung also immer schwieriger, ehrlich gemeinte Anerkennung zu erhalten. Wird sie einem als Kind leicht zugeteilt, ebbt das schon merklich ab, wenn man im Teenageralter ist, und als Erwachsener ist keine Anmerkung ein Lob. Jeder genießt die Aufmerksamkeit, die ihm aufgrund der Bewältigung einer bestimmten Aufgabe zuteil wird, erfreut sich an ihr und fühlt sich dadurch angespornt, sein Handeln zu verbessern. Doch mit längerer Verweildauer im selben Umfeld muss für die gleiche Anerkennung mehr geleistet werden. Hier treffen wir wieder die Komfortzone. Diese verschiebt sich auch mit jedem Rote-Linien-Übertritt nach außen und für entsprechende Reize müssen immer größere Anstrengungen unternommen werden. Wachstum ist alles und deshalb muss keiner verzagen, der nicht jeden Morgen von seinem Chef mit den Worten begrüßt wird: »Herr Müller, das finde ich sensationell, dass Sie heute wieder zur Arbeit erschienen sind!«

2. SELBSTERFAHRUNG

Sie bauen einen Turm aus Holzklötzchen und schaffen es, zwei quadratische Elemente übereinander zu stapeln. Dann schaffen Sie drei. Dann vier. Dann fünf. Sie werden immer besser. Nachdem Sie Ihr Talent und Ihre Vorlieben erkannt haben, durch Anerkennung angestachelt wurden, Ihre Fertigkeiten zu verbessern, starten Sie ab einem gewissen Alter die willentlich initiierte, individuelle Vervollkommnung. Menschen mit einem ausgeprägten Hang zum Klötzchenstapeln studieren irgendwann vielleicht Architektur und stapeln dann Beton und Stahl auf 828 Meter Höhe und schaffen das höchste Gebäude der Welt. Irgendwann kennen sie Lob und Tadel, aber die Eigenmotivation oder das Grundinteresse ist so groß, dass sie ihre eigenen Grenzen und vielleicht die Druckfestigkeit des Betons kennenlernen wollen.

Bis wohin kann ich gehen, was kann ich erreichen? Fortlaufend werden rote Linien überschritten, um zu erfahren, was es Neues gibt. Es geht primär nicht darum, viel Geld zu verdienen, es geht nicht darum, Weltrekorde aufzustellen, es geht in erster Linie darum, zu schauen, inwieweit die eigenen Fähigkeiten verbessert werden können und sich daran zu ergötzen. Es bereitet Freude, sich mit Dingen zu beschäftigen, die man für sich als wichtig erkannt hat und seine Zeit mit der Auslotung von Möglichkeiten zu verbringen. Um jeden Tag aufs Neue überrascht zu werden und die Lust nicht zu verlieren, werden Sie immer wieder Dinge tun, die in dieser Form neu sind. Sie wollen sehen, wie weit Sie gehen können.

3. GELD ALS ANTRIEBSFAKTOR?

Mit dem Geld kommt eins unserer größten Probleme ins Spiel. Viel Geld zu besitzen macht nicht glücklich, es beruhigt nur. Deshalb versuchen wir, einen Job zu finden, der neben dem Spaß auch den Lebensunterhalt bedient. Natürlich will man mit seinem Tun zunächst einmal die menschlichen Grundbedürfnisse befriedigen. Dazu gehören unter anderem das Stillen von Hunger und Durst, körperliche Nähe, der Schutz vor Kälte und Hitze. Mal abgesehen von körperlicher Nähe lässt sich alles mit Geld bewerkstelligen, besorgen und verbessern. Körperliche Nähe genau genommen auch, aber nur stundenweise.

Leistung muss sich also lohnen und das bringt die monetäre Aufwendung des Arbeitgebers zum Ausdruck. Dabei definieren wir nicht die Wichtigkeit einer Aufgabe. Unbestritten ist, dass alle Tätigkeiten von enormer Wichtigkeit sind, sonst würde es sie nicht geben. Vielmehr wird gern in Verantwortlichkeiten unterschieden. Je höher die Verantwortung und je komplexer die Anforderung, desto höher die Entlohnung. Streiten lässt sich darüber, warum der eine Olympiasieg 3 Millionen Euro wert sein kann und der andere »nur« 15.000 Euro. Diskutieren lässt sich auch darüber, warum Menschen, die das Leben der anderen versüßen, mit siebenstelligen Beträgen nach Hause gehen, aber Menschen, die Leben retten, nur mit einem Bruchteil. Diese Frage darf man nicht stellen. Sie kann nicht beantwortet werden. Die wenigsten verdienen das, was sie verdienen.

Geld ist ein Anreiz, der aber nur kurzfristigen Auftrieb vermittelt. Basiert unser Streben lediglich auf dem Erhalt von Geld, wird's lang bis zur Rente. Wer nach höheren Bezügen strebt (wie viel das im Einzelfall auch immer sein mag), der kann in der Entwicklung positiv beeinflusst werden und daraus eine Motivation ziehen. Wer sich aber beispielsweise mit einem Fußballprofi vergleicht, der wird mit seinem Gehalt keine Befriedigung finden. Aus diesem Sachverhalt lässt sich schon vorwegnehmen, dass unser Gehirn Vergleiche nicht mag. Jeder ist sich selbst der Nächste und viel wichtiger als ein anderer, der als Referenzgröße herangezogen wird. Allerdings sind die meisten Menschen vor die Wahl gestellt, nicht nur nach Lust und Laune zu entscheiden, sondern auch nach Vernunft. Wenn mir der Sport nicht die finanzielle Grundlage gegeben hätte, mich hundertprozentig auf ihn konzentrieren zu können, dann hätte ich den Weg meiner alten Trainingsgruppe nehmen müssen. Der Erste fing eine Ausbildung an, der Zweite ging ins Studium, der Dritte direkt in den Job und auch der Vierte und Fünfte mussten sich irgendwann für das harte Geldverdienen entscheiden. Plötzlich war ich allein die Trainingsgruppe und alle anderen waren so vernünftig, die Vorbereitung ihrer Zukunft nicht in die Hände des Sports zu legen.

▶▶ FAZIT

Talent, Anerkennung und Selbsterfahrung sind unsere wichtigsten Antriebsfaktoren. Das Geld kommt erst sehr viel später ins Spiel und ist somit für den Erfolg nur ein Abfallprodukt. Zwar ein sehr wertvolles und eins, ohne das wir nicht existieren könnten, aber zur Entfaltung unserer Werte spielt Geld erst mal keine Rolle.

4. INDIVIDUELLE (KARRIERE-)WEGE

Wenn wir uns dazu entschieden haben, einer Sache nachzugehen, dann aus den eben geschilderten Gründen (Liebe oder Vernunft). Natürlich werden wir uns in aller Regel nichts aussuchen, wovon wir vor lauter Überwindung krank werden. Und es liegt in unserer Natur, dass wir uns entwickeln wollen und müssen. Ein Teenager geht mit einer ganz anderen Vorstellung an seine Aufgaben als ein Mensch, der dreißig Jahre mehr Lebenserfahrung mitbringt. Am Anfang eines Wegs haben viele Menschen noch Träume, Hoffnungen und bestimmte Vorstellungen von der Zukunft. Wenn sie eines Tages in der Zukunft angelangt sind, hat sich einiges bewahrheitet, vieles zerschlagen, manches Erhoffte und Befürchtete ist eingetreten und vieles nicht für möglich Gehaltene hat uns überrascht. Doch Ziele sollten immer realistisch sein. Bei Kindern ist das einfach, weil Wunsch, Traum und Vision über Nacht verwischen. Welches Kind träumt nicht davon, Fußballweltmeister zu werden? Gut, alle die mit Puppen spielen! Ich hatte auch eine, die hieß Susi – aber es stimmt, Fußballweltmeister war als 7-Jähriger nicht mein erklärtes Ziel. Fußballweltmeister war auch als 21-Jähriger nicht mein erklärtes Ziel, aber Zehnkampfweltmeister wollte ich werden. Ich wuchs also mit den Erlebnissen und Erfahrungen.

Zieldefinitionen und Zielformulierungen setzen Lebenserfahrung voraus und beinhalten als notwendiges Übel die Erkenntnis über den eigenen Ausgangspunkt. Als ich später mit dem Fußball aufhörte und mich vollends auf die Leichtathletik konzentrierte, war das keine Entscheidung für den Weltmeistertitel oder den Olympiasieg. Die Entscheidung in dem Alter war viel profaner und leichter, als sie das zehn Jahre später gewesen wäre. Da ich freistehend vor dem Tor den Ball dem Trainersohn für seine Torjägerkrone überlassen sollte, mir aus nichtigen Gründen in die Knochen getreten wurde und wir bei einem Endstand von 12:1 heulend den Platz verließen (weil unser einziges Gegentor ein Eigentor gewesen war), da merkte ich recht schnell, dass das nicht meins war. Bei der Leichtathletik hatte ich Erfolg für mich, für mich ganz allein. Das ist schon egoistisch, aber da lief jeder in seiner Bahn und Schwalben kannte die Hochsprunglatte nicht. Außerdem bekamen wir keinen Anschiss wegen eines einzigen Gegentors. Ich definierte für mich, dass es in einer anderen Sportart für mich persönlich mehr Spaß machte. Im Nachhinein betrachtet eine falsche Entscheidung? Ich wäre ein großer Fußballer geworden, hätte viel Geld verdient, müsste jetzt nicht arbeiten, wenn … okay, das hatten wir bereits! Ich habe mich für die Leichtathletik entschieden, für Freude und Selbstbestimmung.

Am Anfang hat man noch Träume, heißt es gern, und dann begibt man sich auf den Weg und erkennt viel zu spät, dass es der falsche war. Solange wir klein sind, wissen die Eltern, was gut für uns ist, als Teenager folgen die erste Rebellion und das erste richtige Kräftemessen. Hier geht es nicht um Trotz und ausprobieren, in Pubertät geht es um Sieg und Niederlage. Meistens gewinnt der Teenager. In seinen Augen. Aber oft gewinnen auch die Eltern, in deren Augen. Alles mit dem Ziel, dem Kind nicht die Zukunft zu verbauen und den Weg gemeinsam bestmöglich zu schaffen. Wenn sich die Hormone dann endlich in allen Bartwurzeln, Schamhaaren und Stimmbändern eingenistet haben, kehrt Ruhe ein und die Sinne können wieder etwas mehr in Richtung Zukunft geschärft werden.

Nicht nur im Sport treffen wir dann auf ein Phänomen, das sich zwangsläufig auf ein Duell der Generationen herunterbrechen lässt. Der 21-jährige Zehnkämpfer (ja, ich bin hier gemeint!) kann mitunter den 30-jährigen Konkurrenten (leider hat O'Brien dann am Ende doch gewonnen) fordern. Rein aus der Erfahrung betrachtet, eigentlich unmöglich. Jungspund Busemann hatte von dem, was er tat, nur den Hauch einer Ahnung, der »alte« Sportler O'Brien hingegen kannte alle vor ihm lauernden Hürden. Der pickelige Ex-Teenager kennt diese Hürden nicht und hat dementsprechend nicht den Anflug von Ängstlichkeit, den Fast-40er kann nichts aus der Bahn werfen und er sich selbst schon gar nicht. Der Junge ruft also etwas ab, was er nicht kennt, und der alte Athlet zeigt sein schon oft gezeigtes Leistungsvermögen. Bei dem einen sprechen wir in der Endabrechnung über plus-minus 300 Punkte, bei dem anderen von plus-minus 30 Punkten. Im günstigsten Fall treffen sich beide in einem Kopf-an-Kopf-Duell auf der Ziellinie. Der Junge fragt »Wie habe ich das gemacht, wo kommt das her?«, der Alte sagt, »Ich habe das gemacht, was ich konnte!«

5. LEIDENSCHAFT

In der Vergangenheit hat sich schon oft gezeigt, dass die Menschheit nach den immer gleichen Mustern funktioniert. Einer gewinnt, einer verliert. Der Sieger ist der Bestaunte, der Verlierer der Bedauerte. Es gibt jemanden, der ist der Beste, allerdings wissen wir nur in wirklichen Ausnahmefällen, wer der Schlechteste ist. Trotzdem können wir sagen, dass der gemeine Homo sapiens dazu in der Lage ist, eine gewisse Leistung X abzurufen. Die Evolution und die Wissenschaft bringen es mit sich, dass wir uns immer weiter entwickeln und unsere Fähigkeiten den Erfordernissen anpassen. Zu einer bestimmten Zeit ist eine gewisse Leistung für den Sieg gefordert. Natürlich gibt es Überflieger. **Aber letzten Endes muss jeder gegen sich selbst gewinnen.** Jeden Tag, jede Woche und jedes Jahr. So wie es der Sportler will, der weiß, was es heißt, sich alles hart zu erarbeiten, der weiß, was es heißt, wenn die Verletzung nicht heilen will.

So grundverschieden die Konkurrenten auch sein mögen, der Sport und auch die Gesellschaft haben Möglichkeiten gefunden, Individuen miteinander zu vergleichen. Im Sport ist es der Wettkampf, in der Schule die Note, in der Firma die Absatzzahlen – und auf dem Friedhof letztlich das Alter. Es gibt aber auch genügend Vergleichswerte, die niemand in nackten Zahlen ausdrücken kann. Freude, Hunger, Schmerz. Das sind Gefühle. Glaube, Hoffnung, Werte. Das sind Überzeugungen. Ausstrahlung, Eifer, Liebe – davon hat man viel, wenig, ein bisschen, ein bisschen mehr. Dabei geht es nur um subjektive Wahrnehmungen. **Und was entscheidet in 90 Prozent aller Fälle über Sieg und Niederlage? Die Leidenschaft.**

Ob Erst- oder Zweitplatzierter, ob Sieger oder Verlierer, beide verbindet in ihrer Tätigkeit eine Leidenschaft, die sie besser macht als andere, die ihrer

Tätigkeit nur mit 99-prozentigem Einsatz nachgehen. Wer von beiden das größere Talent hat, wer die besseren Gene, die besseren Voraussetzungen, all das spielt in der Endabrechnung keine Rolle. Ich habe gehört, dass selbst Torwarttitan Oliver Kahn schon bemerkt haben soll, dass Talent nicht so wichtig sei wie Leidenschaft. Wären allein messbare Parameter von Relevanz, gäbe es für jeden den eigenen olympischen Wettkampf.

So wäre zwar jeder ein Sieger, aber die Lust auf Leidenschaft käme zu kurz. Das Zünglein an der Waage müsste nicht bedient werden und wir würden nur einen Bruchteil unserer Fähigkeiten abrufen, da wir ohnehin gewännen. Natürlich müssen wir unsere eigene Leistungsfähigkeit optimal in unseren Kontext setzen, aber außer uns leben noch sieben Milliarden anderer Menschen, von denen einige ähnlich gestrickt sind wie man selbst. Nur gegen sich selbst anzutreten hätte keinen Reiz. Nur für Trainingsweltmeister. Nicht für Wettkampftypen. Und das sind die Champions. Die, die ihr Bestes zeigen, wenn es darauf ankommt, und nicht die, die es abrufen können, wenn es keiner sieht und merkt. Das befriedigt zwar ungemein und beruhigt als Generalprobe, aber gewinnen kann man damit nichts.

Das Wichtigste ist also, sich so vorzubereiten, dass am Tag der Abrechnung die Chance wahrgenommen werden kann, alles zu zeigen. Und das wird der Athlet schaffen, der sich mit Leidenschaft und Hingabe einer Aufgabe unterwirft und sie mit Freude angeht. Deswegen müssen wir erst einmal in unserer eigenen Klasse gewinnen, sodass wir uns in die Augen schauen und dem Vergleich mit der Konkurrenz standhalten können, denn es gibt nicht für jeden den maßgeschneiderten Wettkampf, der messbar und am besten noch olympisch ist. Sackhüpfen wäre schon eine schöne Sache, aber auf so einen Sack passt nicht so viel Werbung wie auf einen Formel-1-Boliden.

Die Fähigkeit, Begeisterung für eine Sache zu entwickeln, sich leidenschaftlich in ein Abenteuer zu stürzen und akribisch das Beste aus sich herauszuholen, das ist es, was den richtig Guten vom Guten unterscheidet. Es sind nur Nuancen, keiner kann sie messen oder in Zahlen ausdrücken, jeder behauptet von sich, die Reinkarnation der Leidenschaft zu sein, weil er keinen anderen Anspruch kennt oder sich vorstellen kann. Die eigene Leidensfähigkeit endet genau an dem Punkt, an dem der richtig Gute noch weiter macht. Unvorstellbar, aber wahr. Unvorstellbar zum Ersten, weil dem

Erfolg die Leiden vorangestellt wurden, und unvorstellbar zum Zweiten, weil jeder denkt, die eigenen Grenzen liegen erst hinter der Tür zur Hölle, und da sei man Willens hineinzugehen ...

LEBENSMOTIVE ODER REISS-PROFILE™

Die Frage, die sich bestimmt jeder schon gestellt hat, ist, wie man Leidenschaft entwickeln kann. Die Wissenschaft sucht seit Jahren den Punkt in der menschlichen Psyche, der erklärt, weshalb manche Menschen leidenschaftlich, motiviert und direkt sind und andere das genaue Gegenteil. Exemplarisch will ich aus der Vielzahl der spannenden und interessanten Studien und Untersuchungen die des amerikanischen Professors Dr. Steven Reiss nennen, aus denen die sogenannten Reiss-Profile™ entstanden sind. Mittlerweile hat sich die wissenschaftliche Suche nach den Lebensmotiven, mit dem Untertitel »Who you are«, international etabliert und gibt Aufschluss über die verschiedensten Antriebsmotoren.

Professor Reiss hat 16 Lebensmotive identifiziert, die grundlegende psychologische Antriebsmotoren für die Erwachsenenpersönlichkeit beschreiben. Je nach Ausprägung lässt sich für eine Person bestimmen, wonach sie wirklich strebt, was ihr wichtig ist und was sie emotional berührt. Nichts ist emotionaler, als mit hohem Puls, mit letzter Puste, unter leidenschaftlichem Einsatz und Kampf im entscheidenden Moment das Tor zu schießen. Der Jubel ist anders als im Büro. Deshalb gibt's Altherrenfußball. Auf dem Platz sind Emotionen erlaubt. Und genau diese Emotionen treiben uns an. Wenn wir für uns etwas gefunden haben, dass uns wirklich berührt, dann sind wir bereit, dafür über das normale Maß hinaus zu kämpfen. Im Folgenden stelle ich Ihnen die 16 Lebensmotive vor, an deren Zahl man schon das breite Spektrum der individuellen Werte ablesen kann.

» MACHT

Dieses Lebensmotiv gibt Aufschluss darüber, ob jemand eine tief greifende Befriedigung aus dem Führen und Anleiten von Menschen und Projekten zieht. Also betrifft das eher Könige, Adelige und Adoptivprinzen? Zum Glück sind Monarchien bei uns abgeschafft und dieser Lebensinhalt hat nichts mit blauem Blut zu tun.

Wer sich Macht wünscht, muss für Macht kämpfen. Wer kämpft, der geht dem Machtstreben leidenschaftlich nach. Aus meinem unmächtigen Blickwinkel gibt es Macht doch nirgendwo ausgeprägter als in der Politik. Mit einer einzigen Entscheidung lassen sich Wohl und Weh von Millionen von Menschen beeinflussen. Wer ist so irre und lässt sich für einen Hungerlohn solch eine Verantwortung aufbürden? Ein Staatsoberhaupt verdient zwar im Vergleich zum Normalbürger enorm viel, verglichen mit der freien Wirtschaft ist das für die Verantwortung allerdings wenig. Und der Normalo unter den Gartenzwergsammlern hat vielleicht seinen Nachbarn als Feind, das Oberhaupt des Staats jedoch meist 40 Millionen Bürger. Der Machtanspruch ist dort größer als die monetäre Entlohnung.

» UNABHÄNGIGKEIT

Die Unabhängigkeit treibt jeden Freiheitskämpfer und Revoluzzer, aber auch jeden anderen an, der auf eigenen Füßen stehen will. In seinen Augen lohnt es sich, für eine Sache derart zu kämpfen, dass die eigenen Belange so wichtig sind wie die der Gesamtheit. Von Grund auf egoistische Entscheidungen für den scheinbar individuellen Vorteil können aber eine Kraft entwickeln, die die Gesamtheit betrifft.

» NEUGIER

Wissen ist Macht. Das weiß jeder, den seine Neugier dazu treibt, sich an immer neuen Eindrücken zu ergötzen. Für ihn gibt es kein »Perfekt«. Er ist auf der Suche nach dem immer neuen, besonderen Erlebnis, welches sich aufgrund seiner speziellen Sichtweise auch immer wieder findet. Deshalb wird er noch kurz vor der Pensionierung von seinem Job überrascht werden. Die Neugier ist die Antriebsfeder von Visionären, Träumern und von Kindern. Schon der deutsche Schriftsteller Paul Keller bemerkte: »Wer von allen weiß, wie lange Kindheit dauert? Bei manchen Wesen ist das früh verflogen; bei manchen dauert sie das ganze Leben.«

»ANERKENNUNG

Die Anerkennung treibt den Menschen an, der sein Selbstbild durch bestimmte Tätigkeiten in einem besonderen Licht sehen will. Er arbeitet, um bestaunt zu werden. Ich fand es auch super, als ich zum ersten Mal in der Zeitung stand. Das Bild mit der Anfangshöhe und der »1,25-Meter-Arschbombe« war aber mehr als peinlich. Endlich hatte ich die imposanteste Anerkennung, die ein Kind außerhalb der Familie bekommen kann, und dann steht unter dem Foto, welches die zweifelsfrei als dilettantisch erkennbare

Technik zeigt: »Mit einer Bestleistung von 1,40 Meter kann sich Frank Busemann nur selbst schlagen.« Beim nächsten Mal gab ich beim Anblick eines Fotografen mehr Gas, um auch wie 1,40 Meter auszusehen. Vor lauter schönem Springen und Feilen an der B-Note merkte ich, dass nicht das Aussehen die Anerkennung gab, sondern einzig und allein meine Leistung.

Bei jedem Job müssen wir jedes Jahr neue Anforderungen erfüllen, mehr verkaufen, höhere Absätze machen und schwerwiegendere Entscheidungen treffen, damit der Chef zuckt. Das ist leider keine sinnlose Folter machtmotivierter, neugieriger Unabhängigkeitskämpfer, sondern Evolution. Stillstand ist Rückschritt, Neues wird Erfahrung, Erfahrung wird Standard und der Standard wächst. Und Wachstum hält uns am Leben. Deshalb müssen wir immer wieder über die rote Linie. Der Erfinder der Komfortzone wollte auch nur Anerkennung für seine weise Einsicht.

» ORDNUNG

Wer von dem Lebensmotiv Ordnung begleitet oder geleitet wird, setzt sich damit auseinander, wie viel Struktur oder Flexibilität er benötigt. Das Training eines Sportlers läuft natürlich geordnet ab, dennoch benötigt er immer wieder die Freiheit, etwas ändern zu können, weil er es als sinnvoll erachtet. Als Athlet war ich ein Statistiker mit akribischem Wahn. Ich kannte alle meine Leistungen und die meiner Gegner. Ich heftete alles in Ordner ab, um irgendwann darauf zurückgreifen zu können. Heute sind mir sportliche Statistiken nicht mehr so wichtig und der unsportliche Inhalt meiner Ordner stapelt sich nicht selten meterhoch auf meinem Schreibtisch. Und der ist groß. Ich finde aber alles wieder. Das nenn' ich mal flexible Ordnung! Den Schreibtisch aufzuräumen ist allerdings immer nur eine Viertelstunde pro Woche mein Lebensmotiv. Und in der Ausprägung läuft das Lebensmotiv bei mir doch eher unter Chaosbändigung.

» SAMMELN/SPAREN

Hierbei geht es nicht darum, dass wir für das Horten von Gerümpel anbauen und unsere Lagerflächen ständig wachsen müssen, sondern vielmehr um die Ansammlung von Vorräten und die Wichtigkeit, die wir Besitz beimessen. In einer gut funktionierenden Beziehung übernimmt immer einer den Part des Sammlers und der andere den Part des Vernichters. Der Mann hält das Geld zusammen, die Frau kauft sich jede Woche ein paar Schuhe. Der Mann sammelt alle übrig gebliebenen Schrauben des Ikea-Regals für schlechte Zeiten, die Frau bestellt den Sperrmüll, wenn das eine lose Brett aus dem Schrank fällt. Der Mann braucht ein großes, dickes Auto, die Frau fährt die Beulen rein. Der Mann hat keinen Bezug zur Realität, weil er wegen einer Beule ein Riesenaufstand macht, die Frau denkt, die Beule kriegt er doch wieder mit Nagellack weg. Ich als Mann habe den ganzen Keller voller Sportschuhe, meine Frau lässt mich gewähren. Zurzeit benötige ich davon nur ein Paar. Aber vielleicht trete ich als 74-Jähriger noch einmal an, um mit übersprungenen 1,40 Meter mal wieder in die Zeitung zu kommen.

» EHRE

Das Motiv der Ehre beinhaltet Zweckorientierung oder Prinzipientreue. Will der Tankstellenpächter sein Altöl in eingesammeltem Leergut auf dem Grundstück verbuddeln und verweigert ihm der städtische Entscheider die Genehmigung, handeln beide für sich im Sinne bester Lösung der Aufgabe. Jeder kennt das Wort »Ehre« und trotzdem hat das, was es bezeichnet, in den unterschiedlichen Kulturen durchaus unterschiedliche Gestalt. Der eine geht dafür über Leichen, dem anderen reicht das goldene Abzeichen in Silber.

Wer von Ehre getrieben ist, der füllt den Anspruch und die Umsetzung mit den ihm eigenen Vorstellungen. Jedes Mal, wenn ich früher im Verein geehrt wurde, war mir das aufgrund meiner Schüchternheit und dem daraus resultierenden roten Kopf hochpeinlich. Den Pokal wollte ich schon haben, in der Zeitung wollte ich auch stehen, dennoch hätte die Zeremonie auch ohne mich stattfinden dürfen. Wozu gibt es schließlich die Post und Photoshop?

» IDEALISMUS

Idealismus steht für das Streben nach Verwirklichung von Idealen – auch oder gerade unter rein äußerlich schwierigen Bedingungen. Wichtig sind in diesem Zusammenhang oft Fairness und soziale Gerechtigkeit. Vielleicht kann man Mutter Teresa als Beispiel für einen besonders idealistisch handelnden Menschen nennen. Das Wirken und Handeln dieser Frau waren stark altruistisch geprägt, Verantwortungsgefühl und Sorge gegenüber anderen waren ihr wichtig, Fairness und Gerechtigkeit hatten einen hohen

Stellenwert. Trotzdem kann Idealismus auch besonders egoistisches Verhalten nach sich ziehen und in erster Linie der eigenen Genugtuung dienen. Niemand reibt sich für andere ohne persönlichen Mehrwert auf. Und sei es in Form von innerer Befriedigung.

» BEZIEHUNGEN
Je mehr Freunde ein Mensch hat und je ausgeprägter seine Kontaktpflege ist, desto stärker lenkt ihn dieses Motiv. Dazu zählen nicht nur direkte Familienangehörige, sondern auch ein sehr weiter Kreis anderer sozialer Anlaufstellen. (Ob Casanova durch dieses Lebensmotiv angestachelt war, bleibt nachzuforschen ...) Von Bedeutung ist hier jedenfalls weniger die Qualität als vielmehr die Quantität der Beziehungen.

» FAMILIE
Das Lebensmotiv Familie gibt an, welche Bedeutung die Fürsorglichkeit gegenüber den eigenen Kindern hat. Hierbei handelt es sich um direkte Auseinandersetzung mit nahen Familienangehörigen und den Schutz vor äußeren Einflüssen. Sich für eigene Angehörige aufzuopfern oder besser gesagt einzusetzen kann einen hohen Antrieb erzeugen und beinhaltet dieses Lebensmotiv.

» STATUS
»Was hat er, was ich nicht habe?« Wer sich diese Frage stellt, da bei an das Haus, das Auto und andere materielle Dinge denkt und der Beantwortung der Frage mit der Bildung von Magengeschwüren auf die Sprünge hilft, oder aber sich für die Visitenkarte und TV-Tauglichkeit blaublütig machen lässt, der strebt nicht nur nach Macht, sondern auch nach Status. Das genaue Gegenteil von »erkennbar anders« umfasst ebenfalls diese Einordnung: Extrem unauffällig und wie die anderen sein ist auch eine Form des Status.

» WETTKAMPF/RACHE
Die Rubrik des Sportlers erscheint bei Professor Reiss in einem ganz anderen Licht. Mochte man bisher denken, dass der einzig legitime Antrieb für Verbesserungen das Streben nach der Position des Alphatiers sei, ist dieses Lebensmotiv nur eins unter fünfzehn anderen. Hierbei geht es in besonderem Maß um das Vergleichen und das Streben nach Leistung. Als ich das erste

Mal diese Doppelrubrik gesehen habe, dachte ich Wettkampf/Rache – männlich/weiblich – duellieren/kratzen, beißen, spucken. Aber auch ich bin in der Vergangenheit nicht selten mit einer gewissen Aggression an bestimmte Dinge herangegangen, um meinem Gegenüber zu zeigen, wer schneller ist. Zudem funktioniert jeder halbwegs kitschige Hollywoodstreifen nach dem Schema: Der Gute will Rache, übt Vergeltung und gewinnt. Wenn das der Böse macht, ist das gemein. Der Gute darf so etwas. Wer harmoniesüchtig ist und jeglichem Konflikt aus dem Weg geht, kann dieses Motiv jedenfalls nicht zu seinen Antriebsmotoren zählen.

» EROS

Was soll man dazu sagen? Jeder zweite Schuppen, der im horizontalen Gewerbe angesiedelt ist, heißt so oder ähnlich. Nein, Spaß beiseite. Es geht hier um die Bedeutung von Sinnlichkeit im Leben eines Menschen. Zu diesem Lebensmotiv gehört außer der rein körperlichen Vereinigung auch alles Schöne, Sinnliche, Kunstvolle. (Und wenn Spirituosen mit diesem Lebensmotiv ergänzt werden, können sie sogar spitzenmäßig singen. Zwar nur italienisch, aber darauf stehen die Frauen …)

» ESSEN

Als ich mit meinen Zehnkampfkollegen in Atlanta bei meinen ersten Olympischen Spielen war, durften wir feststellen, dass die Tätigkeit des größten Burgerbräters der Welt als Hauptsponsor auch einen kalorienstarken Vertragsbestandteil enthielt. Die Mensa des olympischen Dorfs wurde rund um die Uhr mit Fritten und Big Macs versorgt. Umsonst. Kostete nix. Ein Schlaraffenland für Sumoringer und eine Herausforderung für Ich-lebe-vor-dem-Wettkampf-gesund-Sportler. Aber nachher wollten wir probieren, wie viele Kalorien in konzentrierter Form wir zwar in uns zwängen können. Nach getaner Arbeit freuten wir uns auf die Druckbefüllung unserer Mägen. Nach dem Wettkampf hatten wir keinen Hunger, keinen Elan und waren ausgelaugt. Doch das Wort des Zehnkämpfers zählte. Wir bestellten jeder einen Big Mac und 'ne Pömmse und waren sofort pappsatt. Lustig war das nicht. Essen war scheinbar nicht unser Lebensmotiv. Dabei geht es hier nicht um die Menge, sondern wie sehr der Genuss zur gesamten Lebenszufriedenheit beiträgt.

» KÖRPERLICHE AKTIVITÄT

Körperliche Aktivität sollte einen enorm hohen Stellenwert im Leben eines Sportlers genießen. Olympiasieger wird man nämlich nur mit Training und das erfordert Schweiß. Trotz der großen Wichtigkeit nicht sportlicher Inhalte für den Sieg behaupte ich, dass selbst der Diskusweltmeister Robert Harting die ein oder andere Scheibe weggeschmissen hat, bis er in die letzten Aspekte des Finetunings investierte und feststellen konnte: »Sport ist zu 90 Prozent mental und der Rest ist Kopfsache!«

» EMOTIONALE RUHE

Das Motiv »emotionale Ruhe« beschreibt, wie sehr ein Mensch eine Stabilität, einen Fels in der Brandung benötigt, der seiner Gefühlswelt Halt und Ausgeglichenheit verleiht. Emotionale Ruhe kann vielschichtig sein. Der eine lebt ein langsames Leben, der andere empfindet in der Bewältigung schwieriger Aufgaben Ausgeglichenheit und der Nächste benötigt für die emotionale Ruhe hektische Eindrücke, denen er sich stellen kann. Erfolgreiche Sportler lieben die Emotionen, den aufgewühlten Kampf, die letzten Hundertstel und den Kick des Finishs, aber ihre volle Leistung bringen sie nur, wenn sie mit sich im Reinen sind, ihren Fokus zu 100 Prozent auf ihr Ziel richten können und genau um ihre Qualitäten wissen. Auch das kann eine Form der emotionalen Ruhe sein.

▶▶ FAZIT

Die Reiss-Profile geben, ohne dass ich die Ausprägungen bei jedem Einzelnen bis ins Detail benennen könnte, einen Überblick, wie vielschichtig der Ansporn sein kann, etwas zu verfolgen oder zu unternehmen, weil es einem wichtig ist. Wenn Sie Aufschluss darüber haben möchten, welche Motive Ihnen den meisten Antrieb geben, dann können Sie einfach bei einem zertifizierten Institut eine entsprechende Analyse machen lassen.

Grundsätzlich deutet sich bei dieser schemenhaften Darstellung schon an, dass in der Regel nicht ein einziges Motiv unseren Motor antreibt, und dass keiner alle Ausprägungen als Lebenselixier sieht. Kein Zehnkämpfer kann mit nur einer Disziplin bestehen und keiner konzentriert sich auf alle Erfordernisse gleichermaßen. Es gibt immer favorisierte Aspekte, für die wir wirklich kämpfen, zittern und leben und es gibt Seiten, die irgendwie dazugehören, auf die wir aber auch gut verzichten könnten. Überschneidungen und selbst »schlechte« Disziplinen sind integraler Bestandteil eines ganzheitlichen Funktionierens des Gesamtsystems.

Setzen Sie sich mit dem Leben auseinander, führen Sie sich vor Augen, was für Sie zählt und versuchen Sie, sich dafür zu sensibilisieren.

▶ **AUFGABE**

1. Notieren Sie alles, was Ihnen für Ihr Leben wichtig ist.
2. Differenzieren Sie zwischen Interessen, Werten und Vorstellungen.
3. Ermitteln Sie anhand Ihrer Auflistung, ob Sie eher praktisch oder theoretisch, geistig oder körperlich sind, der Norm entsprechen oder aus ihr herausragen (wollen).

Mittlerweile sollten Sie ein Gespür dafür bekommen haben, wie Sie ticken. Sind Sie jetzt in der Lage, genauer zu beschreiben, wer Sie sind? Vermeintlich leichte Fragen zu unseren Vorlieben bleiben allzu oft unbeantwortet, weil wir uns nie aktiv damit beschäftigen. In einer schnelllebigen Zeit können wir oftmals aus dem Bauch heraus entscheiden, was uns behagt und was uns eher abstößt. Das Bauchgefühl lässt sich allerdings auch zu unserem Nutzen manipulieren. Die rote Linie, das Heraustreten aus der Komfortzone, die Beschäftigung mit eingeschlafenen oder vergessenen Vorlieben und Fähigkeiten sind einige Punkte, mit denen sich nicht nur der Sportler auf der Suche nach seinem Ich auseinandersetzt. Erst einmal mag all das anstrengend und eher hinderlich wirken, allerdings erreicht der Sportler nur dort eine Verbesserung, wo er noch nicht war. Immer wieder muss er seinen Organismus so reizen, dass der in Form von Training auf

EXKURS: LEBENSMOTIVE ODER REISS-PROFILE™

neue Herausforderungen mit einer Anpassung der Leistungsfähigkeit reagiert. Jeder schöpft aus dem Erfahrungsschatz der Vergangenheit, ergänzt diesen mit Herausforderungen der Gegenwart, um der Zukunft erwartungsvoll entgegenblicken zu können.

6

PERFEKTION FÜR TOPLEISTUNGEN

PERFEKTION FÜR TOPLEISTUNGEN

6

1. WO EIN ZIEL IST, IST AUCH EIN WEG

Der zweite Platz bei den Olympischen Spielen kam für alle relativ überraschend und aufgrund meines fast noch jugendlichen Alters war dieser Erfolg keineswegs vorhersagbar oder überhaupt möglich. Wenn also das gesamte Potenzial auf das eine Event konzentriert wird, dann gehört eine akribische Vorbereitung dazu, die bestimmt nicht von irgendwelchen Störeinflüssen abgelenkt werden darf. So einem perfekten Tag und Timing laufen manche ein ganzes Leben lang hinterher und ich bin in der glücklichen Lage, dass ich diesen Moment erleben durfte.

Schon vor dem offiziellen Einstieg in den Wettkampfsport beim FC Barcelona, oder besser gesagt der Zweigstelle in Recklinghausen-Hillen, interessierte mich der Sport und ich veranstaltete mit meinem jüngeren Bruder Wettrennen und bizarrere Veranstaltungen. Eigentlich ging es bei uns immer um höher, schneller, weiter. Das Ganze wurde in den unterschiedlichsten Bereichen exerziert, was Disziplinen wie »Wer hat am schnellsten das Eis auf« und »Wer hält den Elfmeter des 16-Jährigen« einschloss. Kopfschmerzen und gebrochener Arm inklusive. Aber gewonnen. Das Lebensmotiv hier ist unschwer zu erkennen und muss neben der Neugier so etwas wie das Hochgefühl des Gewinnens gewesen sein. Ohne den Test zu den Reiss-Profilen selbst gemacht zu haben, trieben mich mit meinen sechs Jahren Neugier, Anerkennung, Ehre, Status, Wettkampf beziehungsweise Rache und körperliche Aktivität an. Da verliert man fast die Übersicht.

Doch im Lauf der Zeit wachsen die Ziele und vormals Neues wird Bekanntes. Als ich gemerkt hatte, dass die Welt hinter Bielefeld noch immer nicht zu Ende ist, wollte ich mehr. Der ewige Kreislauf des Erfolgshungrigen, der sich immer wieder aufs Neue austesten will, hatte begonnen. Nach Erreichen eines großen Ziels schrumpft dieses und das nächste Ziel wird ins Auge gefasst. Ich wollte Deutscher Meister werden. Der Erste meines Vaters. Er hatte schon viele gute Athleten trainiert, aber bis zum Deutschen Meister hatte es noch keiner geschafft. Das wollte ich übernehmen.

Zu diesem Zweck trat ich bei den Deutschen Meisterschaften der 14-Jährigen im Achtkampf an. In der ersten Disziplin musste ich verletzt aufgeben. Ein Jahr später trat ich bei den Deutschen Meisterschaften der 15-Jährigen im Achtkampf an. Nach der dritten Disziplin musste ich verletzt aufgeben.

Das hatten wir doch schon mal? Mein Vater nahm mich zur Seite und offenbarte mir eine unglaublich sexy Alternative. Laufen, bis der Arzt *nicht mehr* kommt. Haben Sie schon mal von einem Teenager gehört, der im Wald rumgelaufen ist und ein Mädchen aufgetan hat? Ich nicht, diese Zeiten waren seit ein paar Tausend Jahren vorbei. Laufen, springen, werfen und gewinnen war cool, aber nicht, im leichten Dauerlauf durch den Wald zu rennen. Ich sei technisch so ausgereift und für mein Alter nahezu perfekt, dass er mir versprach, nach meiner Gesundung schnell wieder den Anschluss zu finden. Es sei wie Radfahren – was man einmal könne, das verlerne man nie mehr vollends. Und darauf ließ ich mich ein. Ich lief so lange, bis ich wieder gesund war und dann würde ich zurückkehren. Und auf das Wort meines Vaters konnte ich mich verlassen. Früher hieß das »ein Versprechen geben«, heute heißt es »Commitment« oder »sich committen«.

Ich wollte zurückkommen und erfolgreich weitermachen. Die Ärzte schüttelten beim Anblick meines maladen Körpers den Kopf, die Physiotherapeuten erschraken beim Anblick meiner Plattfüße und rieten mir, schleunigst eine neue Freizeitbeschäftigung zu suchen. Eine Zeit lang glaubte ich ihnen. Irgendwann aber war mein Traum vom Deutschen Meistertitel wieder größer als die weisen Ratschläge Außenstehender und ich machte das, was mir wirklich wichtig war – Sport. Sollten die anderen doch reden. Ich konnte nur durch ausprobieren herausfinden, ob ich zum Sporteln wirklich nicht zu gebrauchen war.

2. COMMITMENT – EIN VERSPRECHEN MIT GEWICHT

»Commitment« oder »Verlässlichkeit« ist die Basis jedes nicht vertraglich geregelten Miteinanders. Immer wenn eine Sache ohne Rechtsanwalt geklärt werden kann, dann haben sich zwei Parteien »committet«. Das heißt, dass sie sich aufeinander verlassen können und dass das Wort zählt. Eine wunderbare Tugend, diese Verlässlichkeit. Leider trifft man sie immer seltener an und jeder ist überrascht, wenn Versprechen eingehalten werden. (Aber für den anderen Fall gibt es ja noch die Sache mit dem Rechtsanwalt.)

Aber zurück zum Commitment: Wer möchte das nicht sein, ein Fels in der Brandung? Jede gute Freundschaft läuft auf dieser Basis ab. »Auf den

6

kann ich mich verlassen!« ist eine Auszeichnung, wenn sie von einem Freund kommt. Das ist aber gleichzeitig Grundbedingung für eine Freundschaft. Wenn man sich nicht aufeinander verlassen kann und immer den Hinterhalt fürchten muss, wird man den anderen meiden. Nach der ersten Enttäuschung wird es vielleicht als Fehltritt gewertet oder sogar offen ausdiskutiert, bei der zweiten Unverlässlichkeit wird die Beziehung infrage gestellt und je nach Nehmerqualitäten des Enttäuschten wird die dritte Enttäuschung der Beziehung den Garaus machen oder sie in ihren Grundfesten zumindest so heftig erschüttern, dass aus Freundschaft eine Zweckgemeinschaft wird. Diese Art des Umgangs miteinander hat im Privaten nur Bestand, wenn man auf ein Erbe scharf ist, oder das Versagen des Freundes als betreuenswerte Krankheit sieht.

Zweckgemeinschaften im Geschäftlichen oder auf nicht freundschaftlicher Ebene sind häufig, aber auch da muss es Commitment geben. Auch wenn der Geschäftspartner ein »Halsabschneider« ist, wird man sich auf ihn nur einlassen, wenn er seine Versprechungen hält – wenn er uns also in der Art übers Ort haut, dass wir es gar nicht merken. (Dann ist er besonders clever oder wir besonders blöde. Oder umgekehrt, wenn man selbst ein bestimmtes Langzeitziel verfolgt.) Aber zurück zum Wesentlichen: Je länger eine Beziehung – welcher Art auch immer – funktioniert, desto gravierender muss der ethische Verstoß gegen die Prinzipien des Vertrauens sein, damit sie beendet wird.

Vielleicht haben Sie schon einmal beobachtet, dass zum Beispiel auf beruflicher Ebene Commitment anders definiert wird als zu Hause. Wenn der eine vom anderen etwas will, dann nimmt er Kontakt zu ihm auf. Wenn wir unter Freunden eine Verabredung treffen und sie aus irgendwelchen Gründen nicht zustande kommen kann, dann informieren wir die Gegenseite davon. Leider kommt es nicht nur im Business immer häufiger vor, dass man Verhandlungen, Informationsaustausch oder sonst wie gelagerte Kontaktaufnahmen durch Schweigen und Reglosigkeit im Sande verlaufen lässt. Es passiert nichts mehr. Tante Erna würde uns enterben, wenn sie einen Kuchen backt und wir einfach nicht kommen. Angeleierte Geschäfte, die dann doch nichts werden, beendet man, wie man sie begonnen hat, mit einer kurzen Nachricht. Tut nicht weh und jeder weiß Bescheid. So ist das Business und so ist Commitment. Das kostet zwar Zeit, ist aber nur fair und nur so werden wir zu einem verlässlichen Partner. So weit sind wir also schon gekommen, dass wir ein normales Miteinander als »Fairness« bezeichnen. Weil es eben nicht der Erwartungshaltung anderer entspricht, kann man mit solchen Verhaltensweisen punkten. Bei jemandem im Wort stehen und es halten, das ist eine Tugend, die langfristig Vorteile generiert. Und das Ganze tut gar nicht weh.

Commitment fängt schon früh an. Es betrifft in der Außenwirkung immer mindestens zwei oder mehr Parteien. Aber im Grunde beginnt Commitment so früh, dass wir es noch gar nicht als solches werten. Nämlich bei uns selbst. **Sich selbst etwas zu versprechen und es auch zu halten, das zeichnet den wirklichen Macher aus.** Wer sich etwas vornimmt und es in die Tat umsetzen will, der tritt mit sich selbst in Dialog, formuliert eine Bitte, der er nachkommen will. Es kann der gute Vorsatz zum neuen Jahr sein, das Überwinden der roten Linie, das nötige klärende und unangenehme Gespräch zur Beseitigung eines Konflikts. Jeder Sportler verspricht sich zunächst einmal selbst, dem Training konzentriert nachzugehen, seinen Körper zu schützen und zu pflegen, seine Ziele realistisch und motivierend zu setzen und sich tagtäglich, bei Wind und Wetter, auf die Bahn zu begeben, um das immer gleiche Pensum abzuspulen. Einlaufen, Gymnastik, Koordination, laufen, springen, werfen, auslaufen. Jeden Tag. Jede Woche. Jedes Jahr. Das hört sich langweilig an. Ist es aber nicht.

Commitment setzt in der Komfortzone an und ist auf einen Zustand außerhalb dieser gerichtet. Wir müssen uns das Versprechen geben, dass wir selbst ein bestimmtes »Problem« angehen. Das ist mit Aufwand und Aktion verbunden. Oftmals können oder wollen wir das Versprechen nicht halten und es ist ein Leichtes, dieses zu erklären, weil wir selbst der einzige Gesprächspartner sind und uns selbst gegenüber können wir sehr loyal und nachsichtig sein. Wir kennen alle Hintergründe, wissen, warum wir ein Versprechen nicht halten konnten oder weshalb genau dieses nicht geklappt hat, jenes aber funktioniert hätte. Aber genau diese Schwäche, sich selbst gegenüber nicht committet zu sein, hält uns davon ab, langfristig ein klar definiertes Ziel zu formulieren, daran zu arbeiten und es letztendlich auch zu erreichen. Sich selbst gegenüber loyal zu sein, ein schlechtes Gewissen zu verspüren und zwischen Wahrheit und Ausrede abwägen zu können, das kann der Weltklassesportler.

# PERFEKTION FÜR TOPLEISTUNGEN

6

»Wer zu spät kommt, den bestraft das Leben!«, sagte schon Gorbatschow und das trifft auf jeden zu, der einen Termin wahrnehmen will. Er muss pünktlich sein, sonst findet der Endlauf, der Auftrag oder die Besprechung ohne ihn statt. Dann wird er kein Olympiasieger, kein Umsatzmillionär oder kein Beförderter. Zwar ist es in anderen Kulturen durchaus üblich, dass alles zwischen 6 und 23 Uhr als pünktlich gewertet wird, also eher heute als morgen, aber manchmal wird es dann eben doch morgen. Egal, wenn beide so denken. Keine Freundschaft von langer Dauer, wenn nur einer so denkt. Die deutsche Kultur wird für die Pünktlichkeit – und die damit manchmal verbundene Hektik – bewundert und verflucht. Aber Commitment ist nicht nur der Blick auf die Uhr, sondern jedes noch so kleine Versprechen, welches im Dialog formuliert wird. Eigenes Versprechen hat noch ganz andere Dimensionen. **Wir sind es uns selbst schuldig, uns gegenüber verlässlich zu sein.**

3. UNVOLLKOMMENHEIT DER LIEBE

Wer hat nicht schon einmal die Kraft wirklicher Liebe gespürt? Schön, wunderschön, unglaublich schön, das ist sind Synonyme, um seine große Liebe zu beschreiben, nicht wahr? Irgendwann steht er oder sie da, anmutig, grazil, schillernd, klug, witzig, einfühlsam und was es sonst noch für schöne Wörter gibt. Einfach perfekt. Erst ist sie nur wunderschön, dann lernt Mann das Perfekte an der Frau kennen. Dann werden die Gespräche tiefer, die Gefühle zärtlicher, die Erkundungen ausgeprägter. Die täglichen Überraschungen überraschen immer noch. Nach einer Woche entdeckt jeder immer neue tolle Seiten des Partners und die Liebe scheint kein Ende zu haben. Das Leben ist hundertprozentig schön – und die Liebe erst einmal! Kann es etwas Besseres geben? Das ist der einzige Grund, weshalb uns die Evolution am Leben erhält. Wir müssen uns fortpflanzen, gesteuert durch den Trieb und gelenkt durch die Hormone erhalten wir die Rasse Mensch. Je nach Alter und Situation mit einigen Defekten im Schaltkasten zwischen den Ohren. Es wird alles ausgeblendet, was am Anfang stören könnte. Alles ist perfekt. So muss es sein. Bis er das erste Mal zu spät kommt. Bis sie am gemeinsamen Wochenende mit einer Freundin ins Kino will. Bis er ungeniert zu furzen beginnt und sie über eine Stunde am Stück im Badezimmer verbringt. Durch den Alltag lernen wir auch die Macken des anderen kennen. Die fielen am Anfang gar nicht auf.

So verlor er das Gespür für das, was wirklich unwichtig war, aber ihr einen Mordsspaß bereitete. Früher stand er jeden Morgen so lange vor dem Spiegel wie die Zukünftige und er rechtfertigte sein Handeln mit »Hineinversetzen in das andere Geschlecht«. Nach Einlassen auf die Liaison fand er auf einmal den Dreitagebart schick und den Wetlook fettiger Haare. Seine Klamotten wechselten von »elegant und cool« zu »passt und ist praktisch«. So sehr er sich verändert, so sehr fallen ihm Veränderungen an der eigenen Frau auf. War sie früher perfekt, findet er im Lauf die Zeit all ihre Schwächen heraus und wird vor die Wahl gestellt: Sind diese »Fehler« so gravierend, dass es keine gemeinsame Zukunft gibt, oder sieht er darüber hinweg, da es nur Schönheitsflecken, äh, -fehler sind? Sie sehen schon. Selbst mit Flecken im Gesicht kann man Model und Millionärin werden. Weil man sich von der Masse abhebt. Diese kleinen »Fehler«, die gar keine sind, machen den Menschen und die Aufgabe erst interessant. Keiner muss sich gehen lassen, oder dem Schicksal seinen Werdegang überlassen, aber ein besonderer Blick unterstützt bei den Herausforderungen. Hätten wir die Fehler nicht, dann wären alle gleich, alles gleich und alles vorhersehbar. Jeder reagiert gleich und weil wir alle Parameter kennen würden, hätten alle auf jedes Problem die gleiche Antwort. Wie langweilig. Dann hätten wir alle denselben Lebenspartner, was für den Geliebten sehr anstrengend wäre oder aber das Klonen legitim machen würde.

Nicht nur im Sport gibt es Zipperlein. Bei der Wahl des Partners auch. Das sind dann keine Zipperlein, sondern Fehlerlein, aber im Grunde haben sie die gleiche Wirkung. Sie lenken von der Vollkommenheit ab. Und trotzdem gehen wir immer wieder diesen Schritt, dass wir uns auf eine Partnerschaft einlassen, dass wir uns einer Sache hingeben und dass wir Leidenschaft für etwas entwickeln.

Und wie man mit diesen Fehlerchen umgeht, ist im Endeffekt jedem selbst überlassen. Kann ich darüber hinwegsehen, oder nerven sie so sehr, dass ich mich nach einer Alternative umschauen muss? Ich liebte meinen Sport und nach einer schlechten Saison als Hürdenläufer entschied ich mich, einer anderen Disziplin nachzugehen. Das war nur im Entferntesten

PERFEKTION FÜR TOPLEISTUNGEN

6

ein Fremdgehen, weil ich vorher kein Eheversprechen abgegeben hatte. Aber diese Disziplin des Hürdenlaufens machte mich nicht mehr glücklich und ich empfand mehr Glück in meiner dann vollzogenen Tätigkeit des zehnfachen Kämpfens. Ich hatte mich für einen anderen Gang meines sportlichen Wegs entschieden. Ein wenig aus der Not heraus, weil sich meine Träume nicht verwirklichen würden und ich meine Chancen in einer anderen Disziplin als größer ansah. Ich wollte mir in zehn Jahren nicht vorwerfen müssen, dass ich in einer anderen Disziplin hätte besser sein können, aber nicht den Mumm hatte, alte Zöpfe abzuschneiden und neue Wege zu gehen. Also wechselte ich vier Monate vor den Olympischen Spielen die Fronten. Mein Vater hatte sein Versprechen von vor sechs Jahren, dass ich, wenn ich gesund sei, wieder den Mehrkampf betreiben könne, schon eingelöst, aber jetzt kam ich offiziell zu dem zurück, was ich als Jugendlicher zurückgelassen hatte. Mein Ziel war in diesem Fall realistisch. Einfach in die Top Ten des deutschen Zehnkampfs vorstoßen und Spaß dabei haben. Ich war geprägt durch die vergangenen 15 Monate Pleiten, Pech und Pannen. Ich wollte hoch hinaus und wurde immer wieder aufgehalten.

Plötzlich war ich Zehnkämpfer beziehungsweise wollte ich einer sein, sah aber aus wie ein Schlumpf. Ich konnte acht Disziplinen so gut, dass ich mir einbildete, das hätte Potenzial, aber zwei Disziplinen dieses Zehnkampfs fristeten ein Schattendasein. Kugelstoßen und Diskuswerfen. Dafür braucht man Kraft, Technik und Geduld. Ich hatte alles von dem, aber nichts in Verbindung mit den zwei Disziplinen. Kraft in den Beinen, Technik über der Hürde und Geduld in der Auswahl meiner zukünftigen Frau. Dadurch flogen aber weder die 7,26 Kilogramm schwere Kugel, noch die 2 Kilogramm schwere Diskusscheibe weiter. Nur die Frau wurde mit jeder Entscheidung schöner. Aber das brachte keine Punkte auf dem Platz, nur im Männerrudel.

Sah so nun meine Perfektion aus? Acht gute Disziplinen und zwei schlechte? Sollte ich deswegen aus dem erfolgreichen Hürdensprint in den unbekannten Zehnkampf wechseln? In einer Beziehung wirft man die Brocken auch nicht einfach hin, weil der andere mal eine Durststrecke hat. Aber ich optimierte meine Möglichkeiten. Facelifting für die Möglichkeiten. Nicht alles war perfekt, aber im Zehnkampf konnte ich sehr viel mehr, als mir zum Zeitpunkt des Entschlusses klar war. Ich hatte mir diese Chance gegeben und wie sich herausstellen sollte, nutzte ich sie.

4. DIE 79/21-REGEL

Wenn wir die Gesamtheit unseres Tuns betrachten, werden wir immer wieder Verbesserungsmöglichkeiten erkennen. Kann es den perfekten Job geben? Den perfekten Zehnkampf, die perfekte Veranstaltung? Oberflächlich betrachtet ja – für den Moment. Wenn wir aber sehr kritisch tiefer in die Materie eintauchen, dann wird ein jeder feststellen, dass dem nicht so ist. So entdecken Sie vielleicht nicht nur in einer Partnerschaft, sondern auch im Zehnkampf oder in Ihrem Job, dass nicht alles einwandfrei ist. 79 Prozent einer Sache, die wir machen, vorhaben beziehungsweise ausüben oder auch einer Situation, der wir uns aussetzen, sind gut, einfach und bringen Freude. 21 Prozent hingegen sind mit kleinen Fehlern und Schwierigkeiten behaftet, die das schöne Bild der Perfektion zerstören. So erging es mir als Zehnkämpfer tagtäglich.

Wenn Sie die 79/21-Regel sehen, können Sie daraus ableiten, dass ich in acht Disziplinen gut und in zwei Disziplinen nicht so gut, andere würden sagen, eine Niete war. Trotzdem entschied ich mich für den Wechsel vom Hürdensprint zum Zehnkampf. Waren es beim Hürdenlaufen die letzten drei der zehn Hindernisse, die mir das Leben schwermachten? Natürlich lässt sich das nicht so einfach sagen, die Zahlen bilden das Verhältnis aber gut ab.

Gemäß dieser Aufteilung von Gutem und weniger Gutem konnte ich als Zehnkämpfer acht Disziplinen, die ich aber nicht nach Belieben auf neun oder gar zehn sehr gute ausbauen konnte. Wenn ich versucht hätte, etwas zu ändern, zu dem ich die Fähigkeiten aber nicht mitbrachte, hätte ich nur Teilbereiche des Systems verschoben, aber das Gesamtergebnis nicht verändern können. Ich hätte die Kugel weiter gestoßen, wäre aufgrund meines neuen Gewichts aber nicht höher gesprungen. Wenn ich mit mehr Gewicht auch mehr Punkte erzielt hätte, dann hätte ich zugelegt. Aber weil es nicht so war, musste ich meinen eigenen Weg der Maximierung des Gesamtergeb-

PERFEKTION FÜR TOPLEISTUNGEN

nisses gehen. Ich konzentrierte mich auf meine acht Stärken und ertrug die zwei Schwächen. Das hieß aber nicht, dass ich mich ihnen kampflos ergab, sondern ich akzeptierte sie mit dem Wunsch, sie erträglich zu halten. Ich konnte auf acht angenehme und gute Disziplinen zurückgreifen. Das war doch was!

Wie wichtig die Konzentration auf Funktionierendes sein kann, lässt sich aus der folgenden Aufstellung ablesen. Einige Jahre nach den Olympischen Spielen 1996 dachte ich, dass meine Vorbereitung auf dieses Ereignis perfekt gewesen sei. Ohne Hindernisse, ohne Verletzungen, ohne nervenaufreibende Kleinigkeiten, die aufhielten. Im Folgenden kann man anhand einer Übersicht sehen, mit welchen Problemen ich tatsächlich zu kämpfen hatte.

KÖRPERLICHE BESCHWERDEN IM VORFELD DER OLYMPISCHEN SPIELE 1996

1/95	Knochenhautreizung, Wirbelblockade
2/95	Schleimbeutelreizung Knie
3/95	Achillessehnenreizung
5/95	Hüft- und Knieschmerzen
6/95	Knieschmerzen
7/95	Sitzbein- und Adduktorenbeschwerden, Wirbelblockade
8/95	Beuger- und Bauchmuskelzerrung, Wirbelblockade
9/95	IKM-Zerrung, Bauch-, Adduktoren- und Fußbeschwerden
10/95	Hüft- und Beugerbeschwerden
11/95	Hüft- und Bauchmuskelzerrung
12/95	Muskelfaserriss
1/96	Hüft- und Beugerbeschwerden, Wirbelblockade
2/96	Ermüdungsbruch Lendenwirbelsäule
3/96	Nerveneinklemmung Fuß
4/96	Adduktoren-, Ellbogen- und Knochenhautbeschwerden
5/96	Fußstauchung, Achillessehnenreizung, Wirbelblockade
6/96	Schulterverletzung
7/96	**Olympische Spiele Atlanta**

Im Jahr 1995 war ich weder in der physischen noch in der psychischen Verfassung, große Leistungen abzuliefern. Ich stolperte von einem Problem ins nächste und fing schnell an, mich zu bedauern. Ich wäre immer verletzt und die anderen, ja, denen ginge es bestimmt besser als mir. Ich verbitterte zusehends, jammerte lauter und wehmütiger und ab einem gewissen Zeitpunkt glaubte ich wirklich, dass ich der ärmste und kaputteste Athlet der Welt sei und vor allem der, dem das Schicksal am Übelsten mitgespielt hatte. Immer wieder raffte ich mich auf und kurz vor dem Jahreswechsel ereilte mich ein Muskelfaserriss. Geschockt und in Endzeitstimmung lag ich Silvester im Bett und schluchzte wie ein Teenager, den seine Freundin wegen eines anderen hatte sitzen lassen. »Ich a-armer, *schnief*, Keer-, *schluck*, -l, i-iiimmer ii-iich!« Herzzerreißend, nicht wahr? Aber nicht zielführend! Ich bin gut, mein Schicksal mag mich nicht und ich kann nichts machen! Ende der Diskussion und fertig ist die Erfolglosigkeit. Ganz einfach.

Aus irgendwelchen Gründen rappelte ich mich aber wiederauf und redete mir ein, dass das nicht das Ende meiner Sportlerkarriere sein konnte. Ich machte das gern und ich machte das freiwillig. Eigentlich. Mit dieser gedanklichen Einstellung wurde ich zum Spielball meiner Emotionen und konnte nicht mehr selbst steuern, in welche Richtung ich gehen wollte. Ich versuchte es mit einem kleinen Trick. Man könnte auch sagen, ich betrieb ein wenig Selbstbetrug. Ich setzte die rosarote Brille auf und konzentrierte mich auf das, was funktionierte, und nicht auf das, was nicht funktionierte. Wer wusste schon, ob es den anderen wirklich besser ging? Vielleicht waren das nur nicht so Heulsusen wie ich? Und was interessierten mich die anderen?! Es gibt auf dieser Welt immer einen, der ärmer dran ist. Aber das darf man nicht dazu benutzen, eigene Probleme zu verharmlosen. Wenn Sie etwas als Problem wahrnehmen, dann ist es für Sie auch eins und dann heißt es, nach einer Lösung suchen.

5. POSITIVE ASPEKTE ERKENNEN

Im Jahr 1995 habe ich das System 79/21 immer von der »negativen« Seite betrachtet. Immerzu blickte ich von der schlechten 21-Prozent-Seite auf meinen Sport und konnte am Ende das Gute nicht mehr sehen. Ich konzentrierte mich auf all die Fehler und Probleme, die meinen Weg säumten und in meinem Dasein als Bedauerer war jedes Problem auch ein willkommener Anlass, mich noch mehr in Selbstmitleid zu suhlen. Zum Jahreswechsel erkannte ich, dass es so nicht weitergehen konnte und durfte. Ich würde mich noch selbst zerfleischen und mir mein liebstes Hobby, meine größte Passion, so madig machen, dass es eher Folter als Genuss war, dieser Sportart nachzugehen. Ich konzentrierte mich also auf das, was funktionierte. Hüft- und Beugerbeschwerden? Dann machte ich halt Krafttraining. Schmerzen im Ellbogen, dann konnte ich noch laufen. Schließlich war ich Mehrkämpfer.

Und wie Sie spätestens seit Kapitel 2 dieses Buchs wissen: Jeder ist ein Mehrkämpfer. Wir können unsere Prioritäten immer verschieben und anderes tun, was sinnvoll sein mag, wenn alte Pläne nicht mehr tragfähig sind. Wer einer Sache wirklich mit Begeisterung und Leidenschaft nachgeht, der erkennt für sich und sein Tun zwangsläufig größeren Nutzen als Aufwand. **Wer mehr negative Aspekte und leistungshemmende Inhalte in seinem Portfolio entdeckt, als Punkte, die das Potenzial zur Befriedigung haben, der sollte sein tägliches Tun schleunigst überdenken, indem er seine Einstellung grundlegend ändert oder sich eine neue Aufgabe sucht.**

> ▶ **AUFGABE**
>
> 1. Notieren Sie für eine Sache, die Ihnen wichtig ist, alle positiven und negativen Aspekte, die Ihnen einfallen.
> 2. Gewichten Sie diese nach ihrer Relevanz für die Sache und ihrem Befriedigungspotenzial.

Sie sollten ein Ergebnis erhalten, in dem die »guten« Dinge mehr Raum einnehmen und das die »schlechten« Dinge verkraften lässt. Aber auch diese »schlechten« Dinge oder Herausforderungen können Chancen sein.

6. AUCH SCHWIERIGKEITEN SIND CHANCEN

Wenn es diese 21 Prozent nicht gäbe, dann wäre alles einfach und das Leben nicht mehr spannend. Alle würden Olympiasieger werden, jeder würde das Gleiche verdienen und alle hätten die gleiche Frau oder den gleichen Mann. Unternehmen würden immerzu das Gleiche verkaufen und Qualität und Quantität hätten überhaupt keine Relevanz mehr. Es würde ja alles klappen. Plötzlich gäbe es keine Marketingabteilung, keinen Vertrieb und keinen Außendienst mehr. Es gäbe keinen Service, keine Callcenteragenten und keine Forschung mehr. Controller, Sachbearbeiter, Betriebsräte wären alle überflüssig. Spezialisten in diesen Bereichen würde es nicht geben und die Überstunden und der Stress gehörten der Vergangenheit an. Einfach himmlisch. Es gäbe noch ein paar Einkäufer, die via Internet nicht kontrollierte Rohware ordern und diese dann von ein paar Facharbeitern zusammenbauen lassen. Dann säße im Automobilwerk ein einzelner Angestellter an der Kasse und die Kunden würden wie im Supermarkt die Autos kaufen. Strichcode eingescannt, Kreditkarte mit 5.000 bis 250.000 Euro belastet, Tata Nano oder Bentley eingepackt und mitgenommen. Egal, welches Auto man nähme, es gäbe keine Pannen und Defekte. Wenn man des Autos überdrüssig würde, kaufte man sich einfach ein neues. Die Haltbarkeit wäre bei allen Fahrzeugen perfekt. Egal, ob Sparmobil oder Luxusauto, lediglich der Komfort wäre anders. Ach nein, was erzähle ich von unterschiedlichen Autos und Komfort – es gäbe nur ein Einheitsauto! **Da es keine Probleme gäbe, gäbe es auch keinen Anreiz, etwas besser zu machen.**

PERFEKTION FÜR TOPLEISTUNGEN

▶▶ **FAZIT**

Nur wer in Problemen Herausforderungen sieht, der wird sich nicht mit dem Status quo zufriedengeben. Probleme sind im Moment des Eintretens vollkommen überflüssig, lähmend und zeitraubend. Daher wird schon weit im Vorfeld daran gearbeitet, dass das Problem niemals so groß wird, dass es die Existenz bedroht. Die Antizipation eines möglicherweise irgendwann eintretenden Konflikts bedeutet nicht, dass daraus kein Problem wird. Aber wer aktiv auf Probleme reagiert, intelligent Bekanntes in die Zukunft transferiert, Erfahrungen nutzt und keine Angst vor dem Unbekannten hat, der wird in den 21 Prozent seine Chance sehen, damit besser umzugehen als die Masse, und sich somit von der Masse abheben.

Das perfekte Leben existiert nicht und jeder Mensch auf diesem Planeten ist nur so gut wie sein Umgang mit den eigenen Unzulänglichkeiten. Daher darf man sich nicht auf seinem Chaos aus ruhen und sich samt seiner fehlenden Akribie dem Schicksal überlassen. Nein, all diejenigen, die auf ihre Stärken vertrauen und Schwächen als normal in ihren Alltag integrieren, können auch mit dünnen Oberarmen dicke Zehnkampfpunkte machen, mit einem maladen Körper Erstaunliches erreichen oder sich selbst mit Neuem überraschen. Nur weil es diese »schlechten« 21 Prozent in unserem Tun gibt, können wir mehr erreichen, als wir uns vorstellen können.

IMPULS:
DER SCHLÜSSEL
ZUM ERFOLG

1. EINFACH LOSLEGEN!

Die Motivation, etwas zu tun, ist der Ursprung allen Handelns. Wenn wir uns nicht aufraffen könnten, einen Schritt vor die Tür zu machen, könnten wir nichts erreichen. Es ist in einer Welt voller Gefahren und allerlei Möglichkeiten des Scheiterns nicht einfach, etwas mit voller Leidenschaft anzugehen. Überall lauern Gefahren und wie wir gesehen haben, gibt es keine Perfektion. Man könnte also einfach alle Projekte dieser Welt mit halb so viel Aufwand und Engagement angehen, weil man immer als Entschuldigung die 21 Prozent hat. »Tja, ich kann nix dafür, ist Schicksal!«, hört sich gut an, beschwichtigt aber weder den Gesprächs- oder Geschäftspartner noch macht es auf Dauer Spaß, hinter seinen eigenen Ansprüchen zu bleiben. Ein wenig Stolz bringt ja ein jeder mit – und der treibt uns an, etwas zu tun. Deshalb gehen wir trotz möglicher Probleme und nie zu erreichender Vollkommenheit mit unglaublicher Leidenschaft und scheinbar unerschöpflichem Enthusiasmus der uns wichtigen Sache nach – eben genau deswegen. Weil wir die Perfektion nie erreichen werden, es aber immer wollen und die Naivität besitzen, zu glauben, dass wir sie eines Tages eben doch erlangen könnten. Wer es schafft, der ist satt und zufrieden, wer es nicht schafft, der wird neugierig weitermachen.

Als ich 1996 bei den Olympischen Spielen mit 8.706 Punkten den zweiten Platz belegte, da wollte ich mehr. Mit 21 Jahren konnte das noch nicht das Ende sein. Wir wollen immer wachsen, wir wollen uns immer wieder überraschen. Deswegen leben wir und deswegen stehen wir jeden Morgen wieder auf und schauen, was der Tag bringt. Wir lassen es auf uns zukommen, investieren 900 Stunden Training in eine Sache und hoffen, dass es sich lohnen wird. Wir hoffen nur! Aber manche wissen es auch. Das ist die Überzeugung, die man mitbringen muss. Jeder Sportler, der gewinnen will, geht mit dem festen Glauben in den Wettkampf, dass er den Platz als Sieger verlassen wird. Diejenigen, die das nicht tun, gewinnen meist auch nicht. Überraschungen gibt es immer wieder, aber grundsätzlich muss für einen Sieg eine Grundeinstellung vorhanden sein, die uns gewinnen lässt.

So wie jeder Mensch in seiner Lebensgestaltung bestimmte Prioritäten hat, so gibt es auch verschiedene Vorgehensweisen, um eine Sache erfolgreich anzugehen. Dieses »eine Sache angehen« ist aber eigentlich aus jedem

Blickwinkel das Gleiche. Es soll heißen, dass wir etwas ins Auge fassen und es in die Tat umsetzen wollen. Der Wille ist der erste Stolperstein, den viele als glatte Felswand sehen, an der sie emporklettern wollen wie eine Echse und dann im ersten Schritt hinabgleiten, als könnten sie nicht laufen. Der erste Schritt ist meist der schwerste. Grundsätzlich lässt sich leicht sagen: Wer will, der kann, wer nicht will, der wird immer eine Ausrede finden. Die Ausflucht aus einem Vorhaben ist auch viel unterhaltsamer, als Taten sprechen zu lassen. Nehmen wir das Beispiel Schwimmen. Das Wasser ist zu kalt, der Schlüssel am Spind ist eklig, Fußpilze aller Art lauern, jeder sieht die schlaffen Bauchfalten, die so gern ein Sixpack werden wollten und kosten tut's auch noch. Auf der Habenseite fassen wir das Erlebnis einfach nur mit »Schwimmen« zusammen. Gut, sauber ist man nachher schon, aber zu Hause kostet die Dusche nicht drei Euro und die verbrannten Kalorien können nicht für lau wieder ausgeglichen werden. Einzig und allein ein gutes Gefühl muss das schlechte Gefühl überwiegen. Ganz einfache Mathematik macht dieses Summenspiel sexy. Wenn ich hinten mehr herausbekomme, als ich vorn hineingesteckt habe, dann lohnt es sich. Dabei lassen sich hier nicht zwei und zwei zusammenzählen. Das Ergebnis liegt im Auge des Betrachters und mitunter misst er 900 Stunden Vorbereitung dieselbe Wichtigkeit bei wie 10 Sekunden Aktion.

 **FAZIT**

Den ersten Schritt zu tun, sich aufzumachen in eine unbekannte Zukunft, nicht zu wissen, welchen Gefahren man auf dem Weg begegnen wird, das macht diesen allerersten Schritt so unsagbar schwer. Das, was wir zum Zeitpunkt des Wollens haben, das kennen wir. Dort sind wir in der Komfortzone, weshalb also künstlich Probleme heraufbeschwören? Weil wir später fortwährende Glückseligkeit erwarten und den Einsatz im Vergleich zur Größe des Bekommens als marginal einschätzen. Nur wer den ersten Schritt unternimmt, kann noch ganz viele weitere tun.

2. INTRINSISCHE MOTIVATION

Warum schaffen viele Menschen den ersten Schritt, ohne lange darüber nachdenken zu müssen? Sie tun es einfach. Sie machen einen Schritt, den sie schaffen. Wie groß dieser sein muss, muss jeder für sich selbst feststellen. Wenn man gern mit einem Riesensatz in ein Vorhaben startet, dann los. Wenn man eher zurückhaltend ist, dann kann man auch kleiner anfangen. Wichtig ist nur, dass man erst mal seinen persönlichen Anfang findet. Alle, die den ersten Schritt machen, haben für sich das gute Gefühl von jeglichem Ballast separiert und blenden die 21 Prozent aus, die dem ganzen Unterfangen einen etwas faden Beigeschmack geben. Sie sind aus irgendwelchen Gründen intrinsisch motiviert. Und das ist kein »Tschaka«.

Diejenigen, die sich aus eigenem Antrieb aufraffen, etwas planen, vorhaben, beginnen, umsetzen und dabei zu allem Überfluss auch noch gute Laune haben, die sind wohl als Kind in irgendeine Brühe gefallen, die gegen das Betäubungsmittelgesetz verstößt ... Die Motivationspsychologie beschreibt diesen Zustand vollkommen drogenfrei. Wir bauen einfach eine Beziehung zu dem Inhalt auf und ergötzen uns so sehr daran, dass wir keine externe Belohnung benötigen, die uns motiviert. Wir verlassen uns auf unser gutes Gefühl und belohnen uns durch körperinterne und affektive Prozesse. Wir machen das also umsonst. Wir bekommen erst einmal nichts. Kein Geld, keine Anerkennung, keine Beförderung. Wie blöd muss man sein, um sich mit der Aussicht auf rein äußerlich nicht erkennbaren Erfolg aufzureiben?

Wenn wir etwas aus freien Stücken und ohne Kampf gegen den inneren Schweinehund machen, dann tun wir es nicht für Geld, sondern für uns. Und derjenige, der aus diesem Tun seinen Beruf macht, der wird erfolgreich sein. Allerdings lässt sich dieser Ansatz auch umkehren. Wer einer Aufgabe nachgeht, für sich erkennt, aus welchem Grund er das macht, und Mittel und Wege findet, die ihm den Alltag versüßen – wobei ich mit »Mittel« nichts Illegales meine –, der wird auch erfolgreich sein. Eigentlich ist es vollkommen egal, aus welcher Richtung man kommt. Wenn man will, dann kann man. **Man muss nur das finden, was man will.**

3. PRINZIPIEN DER SELBSTVERANTWORTUNG

In unserem Alltag haben wir die Entscheidungsgewalt. Wir haben sehr oft oder sogar fast immer die Wahl, zu entscheiden, in welche Richtung wir unser Vorhaben lenken wollen. Es gibt natürlich so etwas wie Schicksal. Wenn uns der Meteorit trifft und wir noch nicht einmal mitbekommen, dass das das Ende war, dann herzlichen Glückwunsch. Dann kann keiner sagen, dass man einfach ein paar Meter weiter rechts hätte stehen sollen. Vielmehr hätte man als Wahrscheinlichkeitsgläubiger vorher Lotto spielen sollen. Es gibt Dinge, die liegen einfach nicht in unserem Einflussbereich und übersteigen das menschliche Handlungsvermögen. Deswegen in Schockstarre zu verfallen, kann ich allerdings keinem empfehlen. Wir dürften kein Auto mehr fahren, wir dürften keine Lebensmittel mehr kaufen, wir dürften nicht mehr unter Leute gehen. Irgendwo lauern immer Gefahren, die sich zwar minimieren, aber niemals gänzlich ausschalten lassen. Wer will schon 80 Jahre in dunkler Einsamkeit vor sich hin vegetieren? Wenn es dann mal 80 Jahre werden. Wir sterben zwar, ohne jemals eine Grippe gehabt zu haben, aber fehlende Zuneigung ist schlimmer als ein paar Viren der Stämme mit den Kürzeln H und N.

Deswegen wählt ein jeder als Erstes seine eigene Einstellung. **Jeder kann selbst entscheiden, wie er »drauf« sein möchte.** Natürlich ist das viel einfacher geschrieben, als im Alltag umgesetzt. »Wir sind jetzt mal gut drauf!« Wer Ihnen das entgegenbringt, auf den reagieren Sie mit Häme und Antipathie. »Ich kann auch anders, und zwar ganz schlecht!«, mögen Sie sagen. Wir lassen uns nicht vorschreiben, dass wir auf Knopfdruck anfangen zu grinsen. Wir können uns nicht einfach einreden, dass wir gute Laune haben wollen, wenn wir mies gelaunt sind. Trotzdem gibt es Möglichkeiten, das Gefühl schon im Vorfeld auf die richtige Bahn zu lenken. Dann kommt es vielleicht gar nicht so weit, dass wir übelgelaunt unausstehlich werden. Mit der Wahl der Einstellung schaffen wir es, Geschehnisse grundsätzlich positiv zu erwarten. Dabei hilft schon allein die Körperhaltung.

4. KÖRPERSPRACHE

Was macht ein Arbeitnehmer, wenn er mehr Geld haben will? Wenn er Beamter ist, dann wartet er, dass er älter wird, wenn er in der freien Wirtschaft tätig ist, dann fasst er sich ein Herz und spricht mit seinem Chef. Doch dieser kann und wird sich einiger Hilfsmittel bedienen und tief in die psychologische Trickkiste greifen, um zu verhindern, dass der Unternehmensgewinn derart geschmälert wird, dass es ihm die Tränen in die Augen treibt. Wenn er wirklich clever ist, dann bittet er den Arbeitnehmer zu einem Gespräch und bietet ihm kumpelhaft einen wirklich bequemen Sessel an. So macht er sich die Taktiken der sportlichen Kriegsführung zu eigen und demonstriert Stärke.

Die tapferen Arbeitnehmer betreten mit stolz geschwellter Brust und mutigen Schritts das Büro des Chefs und beginnen einen Small Talk. Sie haben alle nur ein Ziel: eine größere Zahl auf dem monatlichen Kontoauszug. Nach kurzer Einführung im Stehen verfrachtet der Boss sie in den Wohlfühlsessel. Nicht so ein Ding wie im Kaufhaus, nein, so einen, den man nur in der Spezialabteilung für Unternehmer und Zauberer findet. Einen Sessel, in dem man Menschen nicht nur physisch verschwinden lassen kann, sondern auch psychisch. Zack, sind sie weg, ehe sie Luft geholt haben, um ihr Anliegen und ihre Vorstellungen zu formulieren. Der Sessel saugt sie tief ins Innere eines Gemisches aus synthetischen Fasern und nachteiliger Formgebung, die Arme werden vor die Brust gedrückt und der Körper schließt luftdicht mit dem Innenleben der Sitzfläche ab. Die Kopfstützen drücken die Ohren so sehr nach vorn, dass sie den Besitzern den Blick versperren, die Lippen zu einem spitzen Kussmund formen und das Gesicht die Knautschfalten eines Pekinesen aufweist. Die nun einzig mögliche Atmung erinnert an den Goldfisch im Aquarium. Trinken können sie ab sofort nur noch mit einem Strohhalm und weil es affig aussieht, das Glas zwischen den Knien einzuklemmen, verzichten die Bittsteller auf das erfrischende Nass.

Eigentlich wollten sie knallharte Fakten für mehr Geld zum Besten geben, aber ruckzuck fühlen sie sich irgendwie anders. Geld ist plötzlich sekundär, Luft zum Atmen wäre klasse, der Schweiß rinnt zum tiefsten Punkt im Sessel und der Mund ist staubtrocken. Das Vorhaben, den Forderungen mittels ausladender Gestik und rhetorischer Raffinesse Nachdruck zu verleihen, wird im Keim erstickt. In dieser embryonalen Haltung der Hilflosigkeit verlässt alsbald die meisten der Mut, den im Freundeskreis angekündigten Rundumschlag für mehr Gerechtigkeit und faire Entlohnung durchzusetzen. Am Ende des Gesprächs entsteigen sie dem Sessel mit einem leisen »Flöp« und der Schlüpfer schnalzt mit einem Klaps zurück an den Po. Dann können sie auch wieder ihre Arme und Beine bewegen, genügend Sauerstoff aufnehmen, dass Reden nicht mehr zu einer Übersäuerung des Organismus führt und den Blutstau aus den Lippen drücken. Freundlich serviert der Boss sie ab und keiner sieht einen Zusammenhang zwischen dem Sessel und dem plötzlich aufkommenden Unbehagen vorpubertärer Schüchternheit. Aufgrund des großen Unbehagens fühlen sich nicht nur alle schlaff, sie sehen auch so aus.

Und mit einer solchen Körperhaltung bekommt man nicht nur nicht mehr Geld, sondern gewinnt auch keine Wettkämpfe. Der vermeintlich Stärkere demonstriert dem Schwächeren seine Macht und diktiert das Vorgehen. Wer sich diesem Diktat nicht unterwerfen möchte, muss erst einmal die eigene Darstellung so hinbekommen, dass er seinem Ziel auch Nachdruck verleiht. Sieger erkennt man schon beim Betreten des Platzes. Wer gewinnen will, der stellt das schon vor dem Wettkampf dar und signalisiert dem Gegner einen harten, aber fairen Kampf. Und da gutes Training immer nur die Vorbereitung ist und letztlich im Wettkampf abgerechnet wird, muss man nicht nur in seiner inneren Einstellung, sondern auch mit seiner äußeren Darstellung das Ziel angehen.

IMPULS: DER SCHLÜSSEL ZUM ERFOLG

▶ AUFGABE

1. Stehen Sie auf und suchen Sie sich einen Ort, an dem Sie unbeobachtet sind. Stellen Sie sich hin wie ein Verlierer: krummer Rücken, schlaffe Arme und Beine, den Kopf im 45-Grad-Winkel zum Boden und die Mundwinkel Richtung Kinn.
2. Und jetzt freuen Sie sich! – Hey, stopp! Sie sollen sich nicht aus dieser Körperhaltung bewegen. Entschuldigen Sie die unpräzise Anleitung. Sie bleiben in schlaffer Haltung und jubeln. Geht nicht? Genau.
3. Und jetzt das genaue Gegenteil: Stellen Sie sich aufrecht hin, bauen Sie in der Mitte des Körpers Spannung auf, die Sie nicht verkrampfen lässt, und setzen Sie ein verschmitztes Lächeln auf. Ihre Augen strahlen eine selbstherrliche Arroganz aus, die Atmung erfolgt tief in den Brustkorb und dabei zeigen Sie der (gerade nicht existenten) Welt die volle Pracht Ihrer Schönheit.
4. Und jetzt sind Sie ohne Veränderung der momentanen Körperhaltung mies drauf. Geht nicht? Genau.

Natürlich lässt sich nicht grundsätzlich sagen, dass mit einer bestimmten Körperhaltung die Weichen automatisch auf Erfolg gestellt sind. Wenn Otto Waalkes ohne Gehüpfe und krummen Rücken vor sein Publikum träte, wäre er nicht die Figur, die er darstellen wollte, und nicht der Wegbereiter der deutschen Comedy. Es muss schon zu jemandem passen, wie er sich gibt. Auf Beerdigungen wird ein Orgelspieler anders auftreten als auf einem Rockkonzert. Der Sportler wird sein Verhalten dem Anspruch des Wettkampfs anpassen, sonst läuft er Gefahr, dass die Demonstration seiner Stärke als Arroganz ausgelegt wird. Der neue Arbeitnehmer wird seinem Vorstandsvorsitzenden nicht gegenübertreten, als plante er mit seinem Familienkonglomerat eine feindliche Übernahme des Ladens. Trotzdem muss er nicht den Kopf senken und den Diener machen. Respektvoller Umgang miteinander beinhaltet, dass jeder dem anderen offen in die Augen schaut. Es hilft, sich selbst zu mögen und das auch nach außen darzustellen.

5. SELBST DAS ZIEL BESTIMMEN

Ein weiteres Prinzip eigenverantwortlichen Handelns ist die eigenmächtige Bestimmung des Ziels. Oft haben wir den Eindruck, fremdbestimmt zu sein und es nicht selbst in der Hand zu haben, wie unser Weg aussieht. Von außen auferlegte Ziele sind mitunter viel schwerer zu erreichen, da die innere Überzeugung fehlt und das letzte Quäntchen Liebe, das nötig ist, um mit Leidenschaft auch den Weg einzuschlagen, der einen leiden lässt. Aber genau das benötigt man! Es ist um einiges leichter, sich selbst an den Hebel der Macht zu setzen und zu entscheiden, was man will. Angefangen bei einer der Situation angepassten Körpersprache, über das Einbringen der erforderlichen Fähigkeiten bis hin zur Entscheidung, eine Disziplin zu ändern. All das sollte in unserer eigenen Hand liegen. »Geht nicht«, wird der ein oder andere jetzt sagen. Wenn der Boss nicht mehr zahlen will, aber die Ziele immer höher schraubt, dann haben wir keine andere Wahl, als das zu tun, was er will. Es sei denn, man bedient sich des allseits beliebten Ausspruchs: Love it, change it, leave it. Starker Tobak, oder?

» LOVE IT

Wenn wir nach der Maßgabe »love it« (»liebe es«) handeln, können wir unser Ziel selbst bestimmen und es so formulieren, dass wir voll dahinterstehen, und es gegen Widerstände verteidigen. Die Dinge, die wir mit einem Ziel aufwerten, sind uns anscheinend so wichtig, dass wir sie aus freien Stücken zu einem wichtigen Teil unseres Lebens machen. Jeder Berufstätige, jeder Sportler, jeder, der seine Freizeit auf bestimmte Art und Weise gestaltet, hat sein Handeln in diese Richtung gelenkt, weil es ihm wichtig ist. Aus diesem Grund sollte er das lieben, was er tagtäglich tut. Er genießt all das, was funktioniert, labt sich an guten Ergebnissen und verlangt eben genau das, weil er es kann und es gern macht. Aufgrund eben dieser Genugtuung wendet er Zeit dafür auf und schafft es auch, über Rückschläge hinwegzusehen. Er schafft es, wieder aufzustehen und er schafft es, dort weiterzumachen, wo er unterbrochen wurde. Er liebt das, was er macht. Auch wenn der Chef die Gehaltserhöhung nicht zahlen will, auch wenn der Zehnkämpfer immer wieder durch Verletzungen zurückgeworfen wird und auch wenn Opa Tschibulkes Schrebergarten plötzlich neben einer neu gebauten Autobahn liegt. Allen dreien ist ihr Hauptanliegen wichtiger (79 Prozent) als die Nebenschauplätze (21 Prozent).

» CHANGE IT

»Change it« (»ändere es«) besagt, dass wir manchmal den Status quo verändern müssen. Möglicherweise hat sich die Ausgangslage schon ohne unser Zutun grundlegend verändert und wir müssen uns eine neue Ausgangslage verschaffen, die es uns ermöglicht, die unsrige Sache mit gleicher Leidenschaft fortzusetzen. Vielleicht muss sich der Arbeitnehmer um eine andere Stelle im Unternehmen bewerben, da er sich aufgrund des Geizes seines Vorgesetzten nicht seinen Vorstellungen entsprechend entwickeln kann. Vielleicht muss der Sportler den belastenden Zehnkampf aufgeben und sich stattdessen auf nur eine Disziplin konzentrieren. Und vielleicht muss der passionierte Kleingärtner eine dicke Sichtschutzwand ziehen, wenn ihm die Hecke zu langsam wächst. Dieses Changemanagement ist so vielschichtig und individuell, dass es nicht pauschalisiert werden kann. Wenn wir aber trotz größter Bemühungen eine Sache nicht mehr lieben können, dann müssen wir Mittel und Wege finden, ihr eine Richtung zu geben, die uns hilft, die Ausgangslage wieder so zu definieren, dass es sich lohnt, mit Herzblut und Leidenschaft Energie dafür aufzuwenden.

» LEAVE IT

Wenn Veränderungen nicht herbeigeführt werden können, dann müssen wir die Konsequenzen ziehen und die Sache beenden (»leave it«/«verlasse es«). Wir verlassen die Aufgabe, die Beziehung, das Vorhaben oder was auch immer es sei und wenden uns anderen Dingen zu. Wenn wir alles Mögliche getan haben, und sich das Glück oder das gute Gefühl nicht einstellen will, dann müssen wir den Weg der größten Veränderung gehen und dem Projekt den Rücken kehren. Der Arbeitnehmer muss sich, wenn er sich für seine Fähigkeiten magengeschwürerzeugend schlecht bezahlt fühlt, neuen Herausforderungen außerhalb des Unternehmens stellen. Der Sportler muss die Spikes an den Nagel hängen und den Sport als schönes Kapitel zu den Akten legen und der Freizeitgärtner muss seinen Schrebergarten zurücklassen, wenn der Abgasgestank trotz fortgeschrittener Nasendemenz unerträglich bleibt.

Wir haben die Wahl. Und jeder kann diese Wahlfreiheit nutzen. Mitunter hört man natürlich auch berechtigte Wehklagen ausgebeuteter Arbeitnehmer, die scheinbar keine Wahl haben, wenn die hundertste Überstunde anberaumt wurde, sie keinen entsprechenden Ausgleich und statt Anerkennung gleichgültige Erwartung bekommen. Aber sie können kündigen. Das ist die Wahl, die sie haben. Der Einwand, dass sie dann aber keinen Job mehr hätten und nicht wüssten, wovon sie leben sollten, kehrt das ganze Konstrukt um: gleiche Tätigkeit mit veränderter Einstellung. Statt »leave it« kommen in diesem Fall nur »change it« oder »love it« infrage. Wer im Unternehmen nicht wechseln kann, der muss seine Ziele und Einstellungen dahingehend ändern, dass er seine Überforderung lieben muss.

 **FAZIT**

Manche Entscheidungen entstehen aus der Not. Manche sind auch Chancen, die man aktiv gesucht hat. Es gibt die unterschiedlichsten Gründe, an seinem Leben etwas zu ändern, aber was gleich bleibt, ist, dass wir es selbst in der Hand haben, dem Ganzen eine vernünftige Richtung zu geben. Wir haben die Wahl. Es ist eigentlich nie einfach, neue Wege zu gehen, aber keiner hat behauptet, dass das Leben einfach ist.

6. SEIN, WO MAN IST

All diejenigen, die selbstverantwortlich handeln, schaffen es auch, sich einer Sache hundertprozentig hinzugeben. Nicht nur in der Liebe ist es von Vorteil, wenn man mit seinen Gedanken nicht abschweift und konzentriert an dem arbeitet, womit man sich zum Zeitpunkt der körperlichen Anwesenheit auch beschäftigt. Jeder sollte da sein, wo er ist. Physisch ein leichtes Unterfangen. Ich erwischte mich früher allzu oft dabei, in unangenehmen Situationen ganz weit weg sein zu wollen. Wer sich mit einer Sache anfreundet und sie genießt, der ist voll und ganz da. Selbst Verantwortung für sein Tun zu übernehmen heißt aber auch, sich Unangenehmem zu stellen. Keiner verlangt, dass man plötzlich anfängt zu grinsen und beim Verschulden der Unternehmensinsolvenz laut juchzend »Ich habe heute ein gutes Gefühl!«, schreit. Das ist kacke und das bleibt kacke. Dann heißt es, Verantwortung übernehmen, vollen Einsatz zeigen und das Beste aus der Situation machen. Die Flucht ergreifen und sich offensichtlich mit anderen Dingen zu beschäftigen wird die Toleranz für weitere Maßnahmen erschweren.

Bei meinen schwachen Wettkämpfen wünschte ich mir immer die nächste Disziplin herbei. Ich stand vollkommen neben mir und sah die Disziplin als Ursache allen Übels. Wenn die erst einmal weg sei, dann könnte ich voll durchstarten. Gerade diese eine Disziplin war heute einfach nicht meine, schoss es mir immer durch den Kopf. Endlich hatte ich diese eine vermaledeite Disziplin mit natürlich mäßigem Erfolg absolviert, durfte ich mich auf die nächste Disziplin freuen. Endlich! Endlich? Oder besser: nicht schon wieder! Es war wie bei »Und täglich grüßt das Murmeltier«. Immer wieder drängte sich mir derselbe schlechte Gedanke auf. Obwohl sich die Situation doch ändern sollte. Weg vom schlechten Diskuswerfen, hin zum guten Stabhochspringen. Plötzlich sahen aber 4,40 Meter aus wie 7,30 Meter. Was passierte, wenn ich endlich bei der nächsten Disziplin war? Sie war auf einmal die aktuelle und von der wollte ich ganz schnell weg. Jeder kann sich vorstellen, was letzten Endes passierte. Es war schlecht und es blieb so.

Wer sich nicht auf das konzentriert, was gerade gefordert wird, lebt in einer Traumwelt, die keine Resultate hervorbringt. Er lebt in einer Welt, in der es nur hätte, wenn und aber gibt. In einer Welt, in der Chancen ungenutzt vorbeiziehen und die einzige Reaktion darin besteht, sich zu ärgern, weil es woanders besser sein könnte. Der 100-Meter-Läufer muss sich erst einmal auf den Startschuss konzentrieren, bevor er losläuft. Selbstverständlich weiß er genau, was er in den nächsten zehn Sekunden zu tun hat, aber erst muss er auf den Schuss hören. Der Weitspringer muss sich zuerst auf den Anlauf konzentrieren, um dann den Absprung perfekt vorbereitet zu haben. (Hier kommen wir zu einer der wenigen Ausnahmen der Regel: Ist er erst einmal abgesprungen, kann er machen, was er will. Einzig und allein die Beine muss er vor der Landung nach vorn bringen. In der Luft kann er hampeln wie ein Anfänger. Es gibt keine B-Note, er fliegt auf keinem Luftpolster und er muss keine Frauen beeindrucken. Nur die Weite zählt.)

So ergeht es jedem Sportler und im Tennis kennen wir diese Verhaltensweise besonders. So gut oder schlecht ein Ballwechsel auch war, relevant und wichtig ist nur der aktuelle, der, der den nächsten Punkt bringt. Nichts anderes. Immer nur der Ballwechsel, den man im Hier und Jetzt beeinflussen kann. Die in der Vergangenheit sind Geschichte, die in der Zukunft noch unbedeutend. Eigentlich ganz simpel, aber unter Berücksichtigung der eigenen emotionalen Regungen sehr schwierig.

7. SELBSTREFLEXION

Nicht nur im Sport gibt es Protagonisten, die ihre eigene Lage kühl einschätzen, Emotionen außen vorlassen und schauen, wie sie abgeschnitten haben. Das ist gar nicht so einfach, da oftmals Ereignisse analysiert werden, die mit Herzblut und Leidenschaft zum Abschluss gebracht werden sollten, dann aber doch in die Hose gegangen sind. Eine hohe Akzeptanz bei anderen findet derjenige, der in der Lage ist, Ergebnisse nüchtern zu bewerten und sich nur als Teil des Ganzen zu sehen. Daher ist es wichtig, sich selbst zu kennen und eigene Ergebnisse richtig einzuschätzen. Dazu bedarf es keines Wirtschaftsstudiums mit dem Schwerpunkt Controlling, vielmehr muss man in der Lage sein, Fakten einander gegenüberzustellen und ein Fazit daraus zu ziehen. »Ich habe den Wettkampf verloren, weil …«, lässt der Kreativität freien Lauf und wird allzu oft mit einer Ausrede garniert. Wahrheit weicht Wunschdenken. Man sucht krampfhaft eine Erklärung für sein Scheitern – und das hat im Sport wirklich nichts zu suchen.

Wer kennt dabei schon die Gründe desjenigen, der nach Erklärungen für sein Debakel sucht? Die weiß hauptsächlich er selbst. Trotzdem gibt es ein großes Interesse anderer, am eigenen Seelenleben teilzuhaben. Sei es aus Sympathie, aus Interesse oder zur Verbesserung zukünftiger Aufgaben. Natürlich beenden in einem Wettbewerb zwangsläufig immer mehr Teilnehmer den Tag ohne Sieg als mit. Genauer gesagt ist die Anzahl der »Verlierer« n minus 1 groß. Es kann eben nur einen geben. Das liegt in der Natur der Sache. Und eigentlich ist es auch grundsätzlich falsch, im großen Feld eines Wettbewerbs von »Verlierer« zu sprechen. Aber dazu später mehr. Betrachten wir erst einmal all diejenigen, die mit dem Ergebnis ihrer Bemühungen nicht zufrieden sind und sich besser machen wollen, als es den Tatsachen entspricht.

IMPULS: DER SCHLÜSSEL ZUM ERFOLG

TYPISCHE AUSREDEN

Ich habe den Wettkampf verloren, weil ...
- auf meiner Bahn Gegenwind war.
- das Wetter heute so schlecht war.
- ich zu schwer für den Stab war.
- ich zu gut trainiert hatte.
- ich eine Fliege ins Auge bekommen habe.
- ich meine Glückssocken nicht anhatte.
- mir mein Frühstücksei heute Morgen auf den Boden gefallen ist.
- der Gegner kein gutes Spiel zugelassen hat.
- mir die Kampfrichter nicht erlaubt haben, meinen Walkman mitzunehmen.
- mir beim Umziehen der komplette Zehennagel vom Zeh gerissen ist.

Diese Begründungen wurden in der Realität von Athleten vorgetragen, um ihr Scheitern zu erklären. All diese Erklärungsversuche, die so jämmerlich und erbärmlich sind, dass uns die Tränen kommen, finden im Dunstkreis der Verzweiflung statt. Wenn wir für unser Abschneiden andere Einflussfaktoren bemühen müssen, dann haben wir unsere Hausaufgaben nicht gemacht. Wind und Wetter sind für alle gleich. Stab und Training lassen sich auf Erfordernisse anpassen. Fliegen fliegen und Socken stinken. Eier, die das Unheil des Tages einleiten, können auch Horoskope sein. Des Gegners Aufgabe ist es, uns das Leben schwer zu machen und alte Gewohnheiten als alleinig heilsbringende Erfolgsgaranten zu sehen ist blauäugig. Nur die Nummer mit dem Zehennagel, die stelle ich mir richtig eklig vor und sie ist die einzige Erklärung, die zählt – aber der Athlet hat mit einer Rolle Klebeband den Nagel wieder festgeklebt und ist gesprungen.

Es liegt nur an uns selbst, wie wir den Dingen begegnen, die nicht so laufen, wie wir es geplant haben. Siegertypen suchen erst einmal in ihren eigenen Hirnwindungen, weshalb es heute nicht so gelaufen sein könnte, wie es geplant war. **Sich selbst infrage zu stellen, dabei aber aufrechten Blicks mit Selbstvertrauen die Lage zu analysieren, das macht den Wettkämpfer mit Erfolgspotenzial im Gegensatz zum kreativen Ausreden-**

konstrukteur aus. Es geht nicht darum, sich auseinanderzunehmen und an seinen Fähigkeiten zu zweifeln. Aber wer objektiv sein Verhalten reflektieren kann, der wird seinen Mehrwert für die Zukunft daraus ziehen.

Natürlich gibt es Dinge, die hat keiner in der Hand. Dann weht ein Hauch von Schicksal, oder? Vollsperrung auf der Autobahn? Einfach früher losfahren! Ausfall wegen Krankheit? Einfach auf eigene Gesunderhaltung achten! Absatzrückgang wegen Konjunktureinbruch? Anpassung der Ziele! Verzögerung bei Projektarbeit durch Gesetzesänderung? Einfach besser planen! Sich selbst aussperren? Pech gehabt!

 **FAZIT**

Problemlösungen sind beileibe nicht immer einfach. Trotzdem muss erlaubt sein, darüber nachzudenken, was die Aussicht auf Erfolg steigert und die Wahrscheinlichkeit eines Misserfolgs senkt. Es ist hilfreich, den Ursprung des Scheiterns auch bei sich selbst zu suchen, mit der Fragestellung: Was hätte ich tun können, damit diese Situation nicht eingetreten wäre?

8. ÜBERRASCHEN SIE SICH!

Wie schaffe ich es, mich selbst bei Laune zu halten? Wie setze ich Motivationsvarianten, die mich immer wieder neu kitzeln? Nichts anderes macht ein Sportler im Training. Er setzt immer wieder andere Reize, weil Körper und Geist von dem immer gleichen Sermon schnell gelangweilt sind. Und schließlich wollen wir wachsen. Bekanntes kann schnell zur Normalität werden und die Neugier geht verloren. Das heißt nicht, dass man alle 14 Tage seinen Lebenspartner oder den Job wechselt. Vielmehr sollte man der Frage nachgehen, wie man seinen Job auch nach 30 Jahren noch spannend findet und in der eigenen Frau auch schrumpelig und faltig noch den heißesten Feger weit und breit sieht. Das ist mit Mühe verbunden – nicht, sich die Frau schön saufen – nein, vielmehr das Besondere zu erkennen, den Reiz zu erfahren und sich an Schönem zu erfreuen, auch, oder gerade, wenn es Beständigkeit ist.

Mit zunehmender Erfahrung und Weisheit haben wir immer mehr Erfahrung bezüglich unserer Lebensgestaltung. Wir wissen, was wir wollen, worauf wir so richtig Lust haben und was uns Freude bereitet. Darauf lässt sich aufbauen und dann gesellt sich die Lust auf Unbekanntes hinzu. Wir müssen uns nicht aus dem Stand verbessern und der Weg kann das Ziel sein. Wie schaffe ich es, zu lachen? Wie schaffe ich es, den Tag als erfolgreich Revue passieren zu lassen? Indem ich »Trainiertes« analysiere und schaue, was gut und was schlecht war, indem ich den Moment so nehme wie er ist und indem ich all das in die Zukunft projiziere und mich mit kleinen Teilzielen einem großen nähere.

WER SICH KENNT, KANN MUTIG SEIN

Mögen Sie Ihren Job? Träumen Sie von einer Beförderung? Können Sie das überhaupt? Wollen Sie das wirklich? Und was müssen Sie danach leisten? Stellen Sie sich die Frage, ob Sie eine Beförderung ausschlagen würden? Ihr Chef bittet Sie zu sich, um Ihnen zu offenbaren, dass er Sie aus Ihrer jetzigen Tätigkeit abziehen will, um mit Ihnen den asiatischen Markt aufzumischen. Er benötigt jemanden mit Ihren Fähigkeiten. Einen Beißer, direkt von der Front, der weiß, wovon er redet, der die Sprache der Basis kennt und die Gedanken des ganz Großen spinnt. Keiner lehnt ab. Auch Sie nicht. Oder vielleicht doch?

Es ist eine der schwerwiegendsten Entscheidungen, eine Beförderung abzulehnen. Wer fragt sich, ob er in der neuen Position glücklich sein wird? Die wenigsten, und die werden dann allzu gern als Weicheier abgestempelt. Es geht hier um Macht, Moneten und mehr Anerkennung. Wachstum ist alles, raus aus der Komfortzone? Natürlich, aber was ist, wenn man vorher weiß, dass die Änderung so grundlegend sein wird, dass man anschließend nicht mehr glücklich ist? Es zeugt von enormer Stärke, sich dem zu widersetzen. Wer für sich das Ziel einer anderen Position nicht hat, der kann auch ablehnen. Natürlich weiß niemand, ob er sich im neuen Umfeld nicht genauso wohl oder noch besser fühlt. Trotzdem sollte jede Entscheidung gut durchdacht sein. Kann man das oder kann man das lernen? Die Fähigkeit, sich zu entwickeln, steckt in jedem von uns, aber was ist, wenn der neue Job mit sehr viel Reiserei verbunden ist und die Familie darunter leidet? Was ist, wenn man Macher-, aber keine Führungsqualitäten besitzt? Herausforderungen und Überraschungen versüßen das Leben, Ziele müssen und Träume dürfen sein, aber man sollte sie immer selbst steuern können.

 **FAZIT**

Können, Machen und Wollen müssen kongruent zueinander sein und dürfen sich nicht kannibalisieren. Ziele müssen so formuliert werden, dass wir eine berechtigte Hoffnung darauf haben können, sie zu erreichen. Je größer die Diskrepanz zwischen Zielformulierung, Anforderung und Eintrittswahrscheinlichkeit, desto schneller und heftiger kommt der Wunsch nach Flucht oder Kompensation, um das drohende Scheitern erträglich zu halten, und wir wenden uns von unserem Ziel wieder ab.

9. JASAGEN ZUR IST-SITUATION

Es ist unglaublich wichtig, seine eigene Situation zu reflektieren. Selbst auf der Überholspur, anscheinend ohne Aussicht auf Misserfolg, muss immer wieder geprüft werden, ob man noch »richtig« unterwegs ist. Es gibt keine unangenehmeren Zeitgenossen als die, die sich für unfehlbar halten.

In dieser Beständigkeit sollen und wollen wir wachsen. Wie es das Prinzip der Selbstverantwortung verlangt, sollen wir immer da sein, wo wir sind. Das heißt nicht, dass wir vor der roten Linie aufhören, uns fortzubewegen. Vielmehr sollen wir uns auf das konzentrieren, was uns gerade herausfordert. Und das beinhaltet die uneingeschränkte Liebe zu dem, was eben gerade ist. Die Kreismeister, die genau das sein wollen, sind da, wo sie sind, und nicht da, wo sie nicht sind. Der Kreismeister muss erst einmal Meister seines Bundeslands werden, und der Landesmeister wird irgendwann den Traum vom nationalen Titel hegen. Der Kreismeister wird sagen, dass da kein Unterschied besteht. Sowohl die bundesdeutsche Bevölkerung mit 80 Millionen als auch die globale Anzahl potenzieller Konkurrenten ist unverhältnismäßig groß und wer Großes erreichen will, der muss groß denken. Aber der muss auch erst einmal klein anfangen. **Nichts ist demotivierender, als seine Ziele nicht auf seine Potenziale abzustimmen.**

Der Kreismeister muss also seine Ziele stetig anpassen und Stück für Stück nach oben korrigieren. Natürlich darf er Träume haben, auch Visionen, aber er darf die momentanen Möglichkeiten nicht außer Acht lassen. Es ist wichtig, an etwas festhalten zu können, was im Moment der Betrachtung nicht erreichbar scheint. Trotzdem muss ein bisschen Realität einbezogen werden, ob es den entferntesten Funken Hoffnung gibt. Die Spezies Mensch besitzt die grauen Gehirnzellen, die sich von denen der Tiere unterscheiden. Natürlich sollten wir auch manchmal tierisch spinnen dürfen und Träume haben, trotzdem heißt es bei uns »Träume deine Träume, aber lebe dein Leben!« Deshalb dürfen und müssen Ziele etwas größer sein, als Sie sie sich momentan vorstellen können, trotzdem muss das große Ziel in kleine unterteilt werden können!

Nur wer den Weg kleiner Ziele festlegen kann, hat auch eine Vorstellung davon, wo es nach Abarbeiten all dieser hingehen soll. Wer sich keine kleinen Ziele zurechtlegt, der wird schnell die Lust verlieren, da der große Brocken nicht stemmbar ist. Und je länger und intensiver man sich mit einer Sache beschäftigt, desto schneller verliert sie ihren Schrecken. Der Kreismeister ist vor seinen Sportfesten genau so aufgeregt oder wachsam wie der Olympionike vor dem Eintritt in die Arena. Sieger ihrer Leistungsklasse empfinden die gleiche Nervosität und bringen die gleichen Kompetenzen mit, ihre Fähigkeiten auf den Punkt zu bringen. Allerdings nur, wenn beide ihrem Tun die gleiche Wichtigkeit beimessen. Ein siebzigjähriger Altersklassensportler wird mit der gleichen Akribie seinen Franzbranntwein auftragen, wie der 110-Meter-Hürdensprinter das Massageöl nach dem Finale.

Jeder setzt sich individuelle Ziele, die er glaubt, erreichen zu können, und so müssen, der Theorie des Wachstums gemäß, die Ziele mit Erreichen der vorhergehenden Stufe wieder höher gesteckt werden. Diese stetige Entwicklung lässt sehr viel Spielraum für individuelle Befriedigung, erfordert aber auch eine intelligente Variation der persönlichen Ansprachen. So kommt keine Langeweile auf und das Selbstbelohnungssystem wird häufiger stimuliert, als wenn man jeden Tag die Erkenntnis verflucht, dass man für die Stelle des Vorstands noch ganz schön viel machen muss. **Es ist von Vorteil, im Hier und Jetzt zu leben. Nehmen Sie also die momentane Situation an und machen Sie das Beste daraus!**

8 VOM DENKEN UND HANDELN: ZIELFORMULIERUNG UND -UMSETZUNG

1. DIE KUNST DES WOLLENS

In der Wissenschaft hat sich eine bestimmte Herangehensweise an die Formulierung eigener Ziele herauskristallisiert. Da das Ding zwischen unseren Ohren ein unglaublich komplexes Konstrukt aus etwa 100 Milliarden Gehirnzellen, ein paar Hundert Gramm Proteinen, Fetten und Kohlenhydraten ist und zudem mit chemischen Botenstoffen traktiert wird, können wir zur Änderung der Festplatte schwerlich einen dahergelaufenen Informatiker nehmen, der alles auf Erfolg trimmt. Einzig und allein unser Hirn selbst veranlasst uns dazu, Dinge zu tun, die wir auch tun wollen. Nur dieses kleine Ding ist in der Lage, Signale zu senden, die uns von der Couch aufstehen, uns ein Ziel setzen und es auch angehen lassen. Wir beginnen mit einem kleinen Schritt oder mit einem großen Sprung. Und das tun wir nicht, weil unsere Muskeln das wollen, nein – ohne das Hirn wären Muskeln nichts. Das Hirn zeigt uns, wo es langgeht, und weil das Wunderwerk nicht einfach austauschbar ist, können wir sagen, dass nicht das Hirn uns Befehle gibt, sondern einzig und allein wir selbst. Jeder für sich. Und auch dieses unsrige Hirn lässt sich trainieren. Nicht wie ein Muskel, sonst würde es irgendwann den Schädel sprengen, aber Effizienz wir können seine Effizienz auf Höchstleistung trimmen. Mit dem entsprechenden Training.

Was besagen eigentlich 100 Milliarden Gehirnzellen? Ist das das Hirn von Otto Normalicus? Habe ich mit meinem unglaublich genialen (oder verrechneten) IQ von 164 dann 164 Milliarden Gehirnzellen? Was für eine Summe! Würde jede Hirnzelle einen Dollar kosten, könnte sich selbst Bill Gates nur ein halbes Hirn leisten. Aber warum hat er es denn dann zum reichsten Mann der Welt gebracht? Bauernschläue? Glück? Hirn kann man nicht kaufen und es kommt auch nicht auf die Masse oder die Summe der Hirnzellen an, sondern auf deren Verschaltung. Aus diesem Grund gibt es auch intelligente Frauen! Männer haben nämlich mehr Masse im Kopf, Frauen weisen jedoch eine höhere Dichte der Gehirnzellen auf. Auch wer sich seine Hirnzellen wegsäuft, kann durch intelligente Verschaltung seine Dummheit kompensieren. Allerdings nur bis zu einem gewissen Grad – wenn die Hälfte der Gehirnzellen weg ist, lässt das Gedächtnis nach. Aber 100 Milliarden ist eine große Zahl.

Diese schwammige Masse, die man Hirn nennt, veranlasst einen also, Dinge zu tun oder zu lassen, sich Ziele zu setzen oder sie zu verwerfen, sich auf die eigenen Stärken zu besinnen oder sich an Problemen aufzureiben. Man kann das Hirn ganz simpel beeinflussen und sich so in die Lage versetzen, die Dinge zu tun, die man tun will. Klappt mit unserer Elektroeisenbahn ja auch. Die Erkenntnis der Wissenschaft, dass wir so simpel gestrickt sind, dass wir nicht nicht denken können, hilft da ungemein. Sie verstehen schon, zweifache Verneinung ist wieder ja und das heißt, wenn wir daran denken, dass wir nichts denken, dann denken wir. Denken Sie mal darüber nach! (Echtes Nichtdenken beherrscht wohl nur der Mann, wenn er von der Frau gefragt wird, was er gerade denkt.)

Diese Erkenntnis des Nicht-nicht-denken-Könnens der neurolinguistischen Programmierung hat jedenfalls zur Folge, dass wir Ziele und Vorhaben positiv formulieren müssen. Ein Ziel, das lautet »Ich will nicht verlieren!« ist löblich und zeugt von gesundem Sportsgeist, ist aber lang nicht so stark wie: »Ich will gewinnen!« Bei Ersterem geht es darum, nach dem Minimalprinzip zu handeln. Ich erreiche ein vorgegebenes Ziel (Vorletzter) mit dem minimalen Aufwand (dann bleibt auch noch Zeit zum Fernsehgucken). Da ich nach hinten nur einen Platz Luft benötige, aber nach vorn unter Umständen zigtausend Platzierungen bis zum Sieger habe, setze ich voraus, dass zigtausend Menschen mehr trainieren als ich und ich nur der Zweitunfleißigste sein muss.

Wenn ich hingegen nach dem Maximalprinzip handele, welches besagt, dass ich mit meinen ganz persönlichen Ressourcen das maximal mögliche Ergebnis erzielen will, ist das schon um einiges anspruchsvoller. Natürlich ist »gewinnen wollen«, genauso schwammig wie »nicht verlieren wollen«, weil bei dem einen Wettkampf 8.500 Punkte für die Goldmedaille reichen und im anderen Wettkampf gerade mal für die Top Ten, aber die positive Formulierung hilft, uns für den Erfolg alles abzufordern.

VOM DENKEN UND HANDELN: ZIELFORMULIERUNG UND -UMSETZUNG

▶▶ FAZIT

Ziele entstehen in unserem Hirn, werden mit einem Wert, einer Emotion versehen und mit all dem verbunden, was uns dafür kämpfen lässt. Und damit wir unsere Ziele auch griffig machen können und überhaupt genau wissen, was wir wollen, müssen wir unser Gehirn trainieren und dieses als ersten Wegbereiter für Erfolg hegen, pflegen und darauf vor bereiten. Training ist alles.

2. SMARTE ZIELFORMULIERUNG

Aus den Untersuchungen zur Funktionsweise des Gehirns haben sich unter anderem die SMARTen Kriterien der Zielformulierung ergeben. Sie sind Teil der Wohlgeformtheitskriterien, die wiederum unter anderem eine komplett positive Formulierung eines Vorhabens beinhalten. Bei richtiger Umsetzung und Formulierung gewähren sie keine Möglichkeit zur Ablenkung vom Wesentlichen und Ausflüchte in Ausreden. Gegenwind ist kein relevanter Bestandteil der Fokussierung.

SMART steht ursprünglich für die englischen Begriffe »specific«, »measurable«, »attainable«, »realistic« und »timely« (je nach Quelle leichte Abweichungen möglich). Im Deutschen werden die Bestandteile des Akronyms SMART häufig mit »sinnesspezifisch«, »messbar«, »attraktiv«, »realistisch« und »terminiert« wiedergegeben. Eine in diesem Sinne SMARTe Formulierung ist klug und zielgerichtet, beinhaltet aber auch eine Komponente, die Großes einschließt und leicht angreifbar macht. In unseren Breitengraden ist eine genaue und ehrliche Formulierung großer Ziele immer leicht anrüchig. Oder wie fänden Sie das, sich ins Büro zu stellen und anzukündigen, dass Sie diesen verdammten Laden in zehn Jahren als Vorstandsvorsitzender Ihres eigenen, weltweit operierenden Unternehmens feindlich übernehmen und als Erstes Ihren heutigen Chef vor die Tür setzen? Sexy? Okay, dann haben Sie Ihre Wurzeln wahrscheinlich im Land der unbegrenzten Möglichkeiten. Wenn sich der amerikanische Sprinter, der aus Versehen die nationalen Titelkämpfe gewonnen hat, vor Journalisten aufbaut und tönt, dass er derjenige sei, der den Sprint seines Landes wieder auf den Olymp führt, dann nicken alle ehrfürchtig. Wenn das ein deutscher Sprinter täte – dann würden alle lachen. In diesem Beispiel allerdings zu recht. Aber wenn in den USA einer erzählt, dass er 500.000 Dollar im Jahr verdient, dann freut sich der Nachbar über einen so erfolgreichen Menschen in seiner unmittelbaren Nähe. Wir Deutschen hingegen müssen uns so einiges einfallen lassen, um unsere Minderwertigkeitskomplexe oder Neidgefühle in den Griff zu bekommen.

Nun aber endlich die SMART-Kriterien im Überblick:

» SINNESSPEZIFISCH

Die sinnesspezifische Zielformulierung umfasst einen klaren Inhalt. Bei Erreichen des Ziels muss es auch feststellbar sein, dass ich das Ziel erreicht habe. Dem Kugelstoßer ist es ein Leichtes, die Murmel auf die Wiese zu wemmsen. Wenn sie weg ist, ist das erste Ziel vielleicht schon erreicht, allerdings wird in dem speziellen Fall immer eine bestimmte Leistung und Weite Bestandteil des Ziels sein. Außerhalb des Sports ist es schon schwieriger, die Zielankunft fühl- und feststellbar zu machen. Es hilft daher, sich schon vorher zu überlegen, an welchen äußeren Umständen erkennbar sein soll, dass man ein Ziel erreicht hat.

» MESSBAR

Das Ziel muss messbar sein. In der Leichtathletik hat man dafür Zahlen (auch wenn man nicht weiß, ob man damit letztendlich auch gewonnen hat). Es soll auch Genießer geben, die finden einen schönen Lauf so sinnlich und herzerfrischend, dass ihnen der Platz egal ist. Meistens sind das aber Marathonläufer, die zwischen Platz 3.000 und 30.000 einlaufen. Im Beruf beschäftigt man sich allzu oft mit Planzahlen, Soll und Ist. Warum wohl? Nicht, weil der Chef Langeweile hat.

» ATTRAKTIV

Dass wir ein attraktives und erstrebenswertes Ziel formulieren sollten, liegt auf der Hand. Keiner reibt sich für etwas auf, das ihm egal ist und ihn nicht tangiert. Dabei können es vollkommen abstruse Dinge sein, die attraktiv erscheinen. Würde nur mit gleichem Maß gemessen, gäbe es auf dieser Welt nur ein Ehepaar. Mr. und Mrs. Perfect. Aber Geschmäcker sind verschieden und so kann es auch den Zehnkämpfer geben, für den die 1.500 Meter einen Hochgenuss darstellen.

» REALISTISCH

Da Wunsch und Wirklichkeit nicht allzu weit auseinanderliegen sollten, ist ein realistisches Ziel anziehender als ein unrealistisches. In diesem Zusammenhang muss jeder mit sich selbst ausmachen, wie weit er gehen kann und will, um sich bei Laune zu halten. Es erfordert sehr viel Fingerspitzengefühl und Selbstkenntnis, dem gerecht zu werden. Außerhalb der Komfortzone zu denken ist unabdingbar, aber die eigenen Ressourcen zu beachten ist genauso wichtig. »Nichts ist unmöglich«, mögen sich viele Träumer sagen und obwohl der Spruch am Reißbrett einer PR-Agentur entstanden ist, hat er seine Berechtigung im Alltag. Aber auch für Ziele, die für die Überholspur formuliert sind, muss man in der Lage sein, das Gaspedal nach seinen eigenen Vorstellungen zu bedienen.

» TERMINIERT

Das Ziel sollte mit einem konkreten Termin versehen werden. Es bringt nichts, wenn man »irgendwann mal« gewinnen will. Wettkämpfe haben einen festen Termin und an dem zu gewinnen ist wertvoller, als den Trainingskameraden beim sonntagmorgendlichen Dauerläufchen langzumachen, wenn jener womöglich noch Restalkohol im Blut hat.

3. ZIELE SELBSTVERANTWORTLICH ANGEHEN

Ziele müssen selbst initiierbar und beeinflussbar sein. Es können als Nichterreichung keine externen Ausreden geltend gemacht werden. Wer seinen eigenen Weg geht, der kann von anderen nicht überholt werden! Natürlich sollte niemand so naiv sein, zu glauben, dass Ziele gänzlich losgelöst von externen Anforderungen formuliert werden können, dennoch kann man seinen eigenen, ausredenfreien Plan aufstellen.

Schlechtes Wetter, nachlassende Konjunktur, Salmonellen im Geburtstagskuchen sind verschiedenste Gründe, weshalb etwas in die Hose gehen kann. Allerdings macht sich der Gegner bei Regen mindestens genauso viele Sorgen, der Verkäufer kann bei fehlender Kaufkraft seine Ziele anpassen und die Salmonellen auf der Familienfeier ... Da ist dann doch der Supermarkt schuld. Trotzdem rennen alle zur Toilette. Die Schuld abzugeben macht den Stuhl nicht fester.

Ganz wichtig ist auch, wie Ziele klingen: Für die gewünschte Verarbeitung im Gehirn müssen sie positiv formuliert sein. Das hatten wir ja schon. Auch Vergleiche mag das menschliche Gehirn nicht, da hiermit die Ebene, auf der man sich bewegen will, verschwimmt. Es bringt nichts, wenn man so viel verdienen will wie der Nachbar. »Ich will besser sein als xy!«, hilft für den Moment, aber was ist, wenn das Objekt der Begierde gar nicht mehr antritt, weil man ihn mit seinem imposanten Auftreten und dem neu einstudierten Blick der Stärke in die Flucht gejagt hat? Was ist, wenn sich der Gegner entgegengesetzt unserer Erwartung verbessert oder so weit verschlechtert, dass er nur noch Vorletzter wird? **Formulieren Sie Ihr Ziel von Beginn so ambitioniert, dass Ihr Gegner keine Chance hat – vorausgesetzt, Sie wollen wirklich gewinnen!**

Beachtenswert ist ferner die Ökonomie des Ganzen. Sie dürfen keine Regeln brechen, um Ihr Ziel zu erreichen. Das heißt, achten Sie Werte und Normen. Dopen, foulen und Tricksereien jeglicher Art sind immer nur für den Moment aussichtsreich. Jegliches Verhalten, das den Gesamtkontext stört, wird sich irgendwann rächen. Sei es durch die Urinprobe, den ethischen Grundsatz im Unternehmen oder die Steuerfahndung. Irgendwann erwischt es jeden.

▶ AUFGABE

1. Formulieren Sie ein SMARTes und wohlgeformtes Ziel.
2. Notieren Sie die Charaktereigenschaften, die Sie zur erfolgreichen Umsetzung des formulierten Ziels benötigen.

Ein Ziel anhand der Wohlgeformtheitskriterien zu formulieren ist nicht einfach, aber machbar. Wenn man handelt und unterwegs immer ein ellenlanges Ziel im Hinterkopf hat, kommt man schnell ins Schleudern. Wer kann sich schon einen Satz mit fünf Unterpunkten merken? Grundsätzlich muss aus jedem Ziel ein warmes, wohliges Gefühl entspringen. Es bringt also nichts, ein komplexes Ziel zu formulieren, das man sich nicht merken kann. Vielmehr muss bei der Vorstellung dieses Vorhabens sofort ein Bild vor dem inneren Auge entstehen, das mit einem Schlag greifbar ist. Dafür benötigen wir wieder das positive »Ja!«, das die ganze Sache untermauert. Wer die Intelligenz mitbringt, Komplexes in klar vorstellbares Kopfkino zu verwandeln, der weiß, was er will.

4. ZONE DES MACHERS

Studien haben ergeben, dass man spätestens 72 Stunden nach der Formulierung eines Ziels mit der Umsetzung begonnen haben sollte. Wer sich also hinstellt und ein Ziel formuliert, der erkennt für sich, dass es in seinen Augen eine ausgemachte Wahrscheinlichkeit zum Erreichen dieses Ziels gibt. Natürlich gibt es auch Menschen, die der Wahrscheinlichkeitsrechnung nicht mächtig sind und trotzdem ein großes Behagen verspüren, bei dem Gedanken, sich in ein Abenteuer zu stürzen. Wenn sie dieses Gefühl nicht aufgebaut hätten, dann säßen sie noch immer auf der Couch und würden sich Dingen hingeben, die weniger störanfällig sind als Projekte, die stets auch Potenzial zum Scheitern haben.

Da allerdings niemand bei der Zielfestsetzung die Wahrscheinlichkeit des Scheiterns sieht, rafft man sich überhaupt erst auf, ein Ziel zu formulieren. Natürlich gehen die wenigsten so blauäugig eine Sache heran, dass sie annehmen, es könne einfach keine Probleme geben, aber für den Moment sind sie trotzdem nicht sichtbar. So fern das Ziel auch sein mag, wir verspüren erst einmal den starken Willen, uns etwas Neuem oder auch Altbewährtem, unter dem Strich etwas Herausforderndem, hinzugeben. Die Motivation und unser Können sehen wir für die definierte Aufgabe als maßgeschneidert an. Die Initialzündung ist da. Vielleicht hat der Freund gesagt, dass man zu fett sei, der Chef hat Vertrauen in einen gesetzt und man will die Chance nutzen, der Trainer hat plausibel erklärt, dass man der beste Athlet der Welt sei, oder man hat für sich selbst einen anderen triftigen Grund kreiert, der einen aus der Komfortzone heraus- und in das Projekt hineinbewegt. Zu diesem Zeitpunkt ist man mit einem enormen Motivationsüberschuss ausgestattet. Und hat eine riesengroße Chance, das Ziel tatsächlich anzugehen oder langfristig sogar zu schaffen, wenn man innerhalb von 72 Stunden den ersten Schritt unternimmt!

Was machen Laufabstinenzler, die sich in den Kopf gesetzt haben, in drei Monaten einen Marathon zu laufen? Richtig, sie kaufen sich Joggingschuhe und gucken, ob sie 42 Kilometer am Stück laufen können. Entschuldigung – da sie von ihrem Vorhaben überzeugt sind, wollen sie natürlich nicht das »ob« erfahren, sondern das »wie schnell«. Also geht's in neuen Schuhen, enger Hose und Stirnband an den See, wo man auch von allen gesehen wird und ab dafür! Nach etwa drei Kilometern bringen sie ihren Puls nicht mehr unter 180, Schnappatmung setzt ein und der Abbruch des Unterfangens ist programmiert. Wenn die wüssten, dass die Blasen erst nach 30 Minuten so richtig böse werden. In diesem Fall hat uns der Motivationsüberschuss kontraproduktiv wieder auf den Boden der Tatsachen geholt. Quintessenz aus diesem ambitioniert wirkenden Ziel: »Laufen ist scheiße! Tut weh und ist anstrengend!«. Fortan hat der verhinderte Marathoni Gartenarbeitsschuhe für 130 Euro und eine heißes Höschen, dass die Paprika ganz scharf wird. Er wird es nie wieder tun und sein Aufgeben damit rechtfertigen, dass er während seiner Zielformulierung mit drei Promille und seinem Kumpel in der Kneipe saß.

Wenn der künftige Marathoni aber ernsthaft beschlossen hat, loszulegen, dann sollte er innerhalb der nächsten drei Tage mit der ersten Trainingseinheit beginnen. Zu diesem Zeitpunkt muss er nicht 42 Kilometer am Stück laufen können, zu diesem Zeitpunkt muss er auch keinen Alabasterkörper sein Eigen nennen, zu diesem Zeitpunkt muss er lediglich willens sein, das Projekt zu starten. Und das clever. Ein Marathonziel ist vollkommen irrational. Schnell werden Vergleiche angestellt wie »Mein unsportlicher Kollege hat das auch geschafft!« oder »Wenn das 20.000 andere Menschen an dem Tag schaffen, kann ich das auch, in Sport hatte ich früher immer eine 2!« Wenn Sie jobbedingt ein Projekt zugesprochen bekommen, werden Sie auch nicht von sich verlangen, dass Sie am nächsten Tag mit einer Präsentation Ihren Chef überzeugen müssen. Zeit hat man und Zeit muss man nutzen. Und zwar in Form von Training und Vorbereitung. Langsam kann man sich den großen übergeordneten Zielen nähern und je mehr Beschäftigung mit der Materie stattfindet, desto angenehmer wird das Ziel.

▶▶ FAZIT

Da man sich meist bewusst für ein SMARTes und wohlgeformtes Ziel entscheidet, sprechen wir hier über Ziele, die machbar scheinen, herausfordernd wirken, kribbelig sind und am Ende zufrieden machen. Wer mit seinen Zielerreichungen unzufrieden ist, ist nicht wirklich da, wo er ist, und muss dringend an der schon besprochenen Fähigkeit arbeiten, zu dem »Ja« zu sagen, was ist, oder aber an seinem Gespür, seine Ziele seinen Fähigkeiten anzupassen.

5. SCHNELLES HANDELN IST GEFRAGT

Anhand der folgenden Grafik können Sie sehen, dass es sich lohnt, möglichst rasch zu handeln, wenn man sich dazu durchgerungen hat, etwas zu wollen.

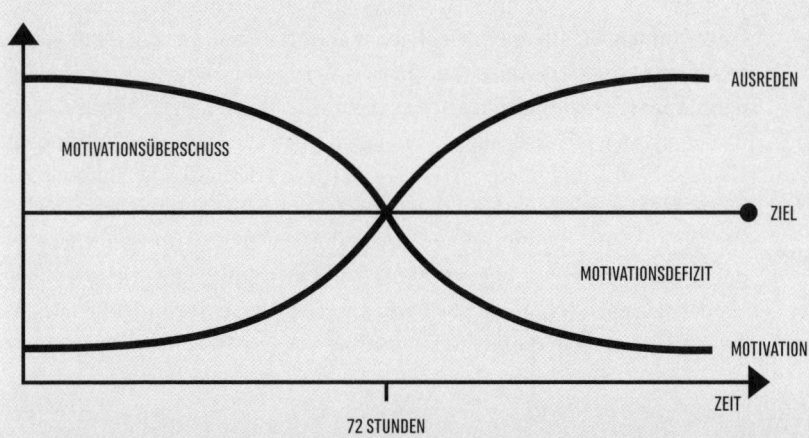

Je länger wir mit dem aktiven Herangehen an ein Ziel warten, desto stärker verschwimmt dieses Ziel. Das, was uns unmittelbar in der Zielformulierung attraktiv erschien, ist nach einer gewissen Zeit des Nichtstuns längst nicht mehr so anziehend und sexy wie zu Beginn. Die Formulierungen sind nicht mehr so hart und prägnant wie zuvor, die Attraktivität lässt spürbar nach, weil schnell erkannt wird, dass man 80 Stunden später immer noch lebt und der gute Vorsatz von vor drei Tagen so lebensbestimmend nicht gewesen sein kann. Die Ausreden werden immer größer und ausgefallener. Die Kraft, sich aufzuraffen, schwindet und plötzlich sehen wir die Aufgabe als kaum zu bewältigen an.

Wie Sie in der Grafik sehen, nähern sich Motivation und Ausrede immer mehr an, bis sie sich im Punkt »t 72« (also nach 72 Stunden) treffen. Die Motivation, etwas zu tun, schwächt sich zusehends ab, und wird mit der Zunahme diverser Ausreden kompensiert. Die Wahrscheinlichkeit des Aufgebens wird immer größer. Nach etwa 72 Stunden hat man nämlich nur noch den Eindruck, dass das Ziel erreicht werden könnte, aber richtig »Bock haben«, wie noch kurz zuvor, fühlt sich anders an.

Was spricht gegen die Umsetzung? Da der Zug für »Nichts!« abgefahren ist, kommen erste Zweifel auf, dass es überhaupt möglich ist, eine so komplexe Sache zu schaffen. Glaubte jeder noch drei Tage zuvor, dass es vollkommen realistisch sei, mehren sich nun die Zweifel. Je länger man wartet, desto weiter entrückt einem das Vorhaben und desto prägnanter wird die Beschäftigung mit Ausreden, die dem eigentlichen Projekt vollkommen zuwiderlaufen. Die kreative Abteilung der Ausredenformulierung macht Überstunden. »Hätte mein Chef etwas eher Bescheid gesagt, dann wäre es machbar gewesen«, »Wenn Tante Erna gestern nicht Geburtstag gehabt hätte, dann wäre ich heute nicht so ausgelaugt und hätte anfangen können!«, »Ich wollte ja anfangen, aber dann musste ich noch die Wohnung aufräumen.« Nach 72 Stunden läuft einem das Vorhaben aus dem Ruder. Wofür also der ganze Aufwand? Unterm Strich hat man die gleiche emotionale Aufregung. Zu Beginn waren es positive Euphorie und Abenteuerlust und beim Scheitern des Anfangens sind es negative Qual und Gleichgültigkeit, die in schneller Verdrängung enden müssen, da wir unsere Energie noch für die nächsten Projekte benötigen, die wir nicht beginnen.

▶ AUFGABE

1. Wann sind Sie zuletzt mit einem Vorhaben gescheitert?
2. Was brachte dieses Projekt zum Scheitern?
3. Formulieren Sie die Ausrede für ihr letztes abgebrochenes Vorhaben nach den Prinzipien der Wohlgeformtheit SMART. (Es wird nicht gelingen!)

Widmen wir uns kurz wieder der Disziplinenbeschreibungen des Anfangs. Wissen Sie noch, als welchen Typ Wettkämpfer Sie sich primär sehen? Welche Qualitäten sehen Sie bei Ihrem täglichen Tun und mit welchen Herausforderungen werden Sie konfrontiert? Jetzt überlegen Sie kritisch, ob Sie sich nur so einschätzen, weil Sie muskulöse Diskuswerfer erotischer finden als verhungerte Langstreckenläufer oder ob Sie wirklich keinen Endspurt beherrschen.

Wer den ersten praktischen Schritt unmittelbar an den gedanklichen setzt, der wird Gefallen daran gefunden haben und dessen körpereigenes Belohnungssystem sendet Signale aus, die ihn stolz und glücklich machen. Männer bedauern sich meist und erzählen davon, wie hart alles sei, dass sie aber trotzdem alles im Griff hätten. Frauen sind da pragmatischer, machen einfach, zweifeln aber auch öfter. Unterm Strich haben wir geschlechterübergreifend dasselbe Ergebnis: Wo ein Wille, da ein Weg und der Anfang ist gemacht. Super!

▶▶ FAZIT

Etwas nicht zu machen kann niemals so attraktiv und erstrebenswert sein, wie der Versuch, etwas zu unternehmen, und erfordert manchmal mehr Kraft, als einfach erst mal anzufangen. Dabei müssen die Teilziele häppchenweise greifbar gemacht werden und das Bewusstsein, dass ein lohnenswertes großes Projekt durch diese Häppchen handlicher wird. Also: Schaltzentrale der kreativen Negation abschalten – und anfangen!

FÜR JEDEN TYP DER RICHTIGE START

Je kürzer, explosiver und emotionaler die Disziplin, desto eher muss man mit der Umsetzung eines Vorhabens anfangen. Ich bringe die Zehnkampfdisziplinen nun in die Reihenfolge, in der die Athleten im Optimalfall starten sollten.

1. Der 100-Meter-Sprinter sollte unmittelbar nach der Zielformulierung beginnen, sich seinem Projekt hinzugeben. Er wird nach 72 Stunden schon ein Gefühl von Ferne verspüren, das nicht gut für ihn wäre.
2. Unmittelbar anschließend muss der Hürdensprinter beginnen. Er weiß, dass ihn unterwegs Hindernisse erwarten, aber trotzdem brennt in ihm auch dieses Feuer, in etwa zwölf Hundertstel Sekunden auf einen Schuss zu reagieren.
3. Alle Springer (Weitsprung, Hochsprung, Stabhochsprung) folgen in den Abständen bis 48 Stunden. Ihr jeweiliges Projekt ist größer und komplexer als das der Sprinter, erfordert außer Emotion auch einen Hauch Bedächtigkeit, weil die technische Komponente größer ist.
4. In den ersten 72 Stunden sollten alle Werfertypen mit dem Projekt begonnen haben. Sie kennen Netzwerke, Hebel und ihre Ruhe zur Arbeit. Durch ihre ruhige Ausstrahlung lassen sie keine Schnellschüsse zu und sind nicht so emotional wie der hibbelige Sprinter, der viel extrovertierter an seine Sache rangeht.
5. Als Letzte kommen die Läufer, wobei ich die 400 Meter in dieselbe Schublade stecke wie die 1.500 Meter. Beide lieben ein gewisses Maß an Leiden. Die Säure in den Beinen, das Brennen der Lungenflügel und das breite, geschaffte Grinsen, das nur zum Luftholen dient, versetzt sie in die Lage, auch etwas später beginnen zu können. Dazu bedarf es aber schon besonderer Qualitäten, die die Intelligenz und Erfahrung voraussetzen, das benennen zu können, was ihnen wichtig ist. Diese Leidensqualitäten besitzen nur Menschen mit Projekterfahrung und genauen Vorstellungen.

VOM DENKEN UND HANDELN: ZIELFORMULIERUNG UND -UMSETZUNG

8

9
ERFOLGSVERHINDERER UND WIE MAN SIE ÜBERLISTET

1. DEN ENTSCHEIDENDEN SCHRITT WAGEN

Auf dem Weg zu einem Ziel lauern unsagbar viele Gefahren, die man mit Ausreden erträglich halten möchte. In der Komfortzone fühlt es sich einfach besser an und wer geht schon gern über rote Linien? Eigentlich muss das tatsächlich nicht sein, wenn man es gemächlich und entspannt mag. Genau diese Entspanntheit erfährt man aber letzten Endes nur, wenn man es gelernt hat, mit Druck umzugehen. Sonst stressen solche Ausflüchte. Das schlechte Gewissen kommt auf und wir wissen, dass es nicht richtig ist, das, was wir nicht tun, eben nicht zu tun.

Oft liegt es in unserem eigenen Ermessen, ob wir einen Anruf tätigen, ein unangenehmes Gespräch suchen oder aber wirklich zum Joggen gehen, wenn wir uns solche Dinge vorgenommen haben. Wenn wir etwas nicht wollen, dann machen wir es nicht, und es fällt den wenigsten auf. Aber trotzdem hindert uns diese Unentschlossenheit daran, unsere wahren Fähigkeiten zu zeigen. Wir vergeuden Kraft, indem wir nicht das tun, was wir eigentlich tun sollten. Das Schöne an der roten Linie ist doch, dass wir sie freiwillig übertreten können und sollten.

Die einfachste Herangehensweise kennt jeder von uns. Wir nehmen uns etwas vor, machen uns auf den Weg, marschieren zügig Richtung rote Linie, machen einen Sprung – und kriegen gerade noch so die Kurve, dass wir doch etwas anderes machen können. Statt die Joggingschuhe zu schnüren, fangen wir an zu putzen! Auf solche Ideen würden wir niemals kommen, wenn … ja wenn, also, wenn wir nicht gerade in diesem Moment das Hobby Putzeritis für uns entdecken würden. Wir knien im allerletzten Winkel und bringen die Bude derart auf Vordermann, dass Hersteller von Hochglanzpolituren sie würden klonen wollen. Es macht auf einmal einen Riesenspaß und wir ergötzen uns nachher an der Reinheit unseres Lebens. Vollkommen unbefleckt genießen wir den Abend und erfreuen uns an der guten Tat des Tages. Ein jeder weiß, dass das mordsmäßig anstrengend war und das Laufen mehr als überkompensiert hat. War also eine super Kompensation! Allerdings werden wir beim Joggen dadurch nicht wirklich besser. Dieses Fluchtverhalten in eine andere Tätigkeit beruhigt unser Gewissen; wir besänftigen es mit einer anderen, scheinbar sinnvollen Aktivität und erzielen dabei auch noch ein gutes Ergebnis!

Allerdings kann Kompensation auch so aussehen, dass wir uns der Völlerei hingeben, da wir das eigentliche Ziel ja nicht erreicht haben und nun sowieso alles blöde ist. Dann holen wir eine Tüte Chips, essen sie wütend, weil wir unser Ziel, zum Beispiel eben dieses Joggengehen, nicht umgesetzt haben.

Flucht und Kompensation sind enge Wegbegleiter derjenigen, die es schaffen, sich an die rote Linie zu wagen, aber kurz vor der Überquerung abbiegen. Aber: Nichts ist schöner, als etwas einfach zu tun und dann im Ziel zu sein! Wir wollen unser Gewissen beruhigen und suchen eine Ausflucht, die unser Verhalten rechtfertigt. Dadurch wird das eigentliche Vorhaben nicht einfacher und je öfter wir die Kurve machen und nicht zielgerichtet über die rote Linie gehen, desto öfter verlieren unsere Vorhaben an Wichtigkeit und Bedeutung und nachher ist alles Wischiwaschi, weil wir noch immer Dinge konstruieren können, die für den Moment plötzlich wichtiger sind. Was, bitte sehr, ist wichtiger, als 1.500 Meter zu laufen? Ich kann Ihnen sagen: alles auf der Welt!

2. PROKRASTINATION ODER WAS DU HEUTE KANNST BESORGEN ...

Nicht nur im Sport kommt es auf die Fähigkeit an, Chancen zu erkennen, Ziele zu formulieren, sich bestimmte Handlungsabläufe vorzunehmen und sich diesen hinzugeben. Allzu oft scheitern wir schon vor der ersten Umsetzung, wenn wir noch die absolute Narrenfreiheit haben und Perfektion noch nicht verlangt wird. Es gibt eine unerfindliche, gemeine Macht, die uns mit allen Mitteln davon abhalten will, das zu tun, was wir eigentlich tun wollten. »Hätte«, »wenn« und »aber« sind nur drei Ausreden, die uns davon abhalten, erfolgreich zu sein. Sie sind aber nicht der Grund für unsere Lähmung und die plötzlich auftretende Unlust, wenn wir uns komplexen und scheinbar ungemütlichen Dingen hingeben. Warum fängt man an zu putzen, wenn man laufen gehen wollte, und warum geht man laufen, wenn man putzen wollte? Warum macht man nicht einfach das, was man möchte? Wir sind doch selbstbestimmt.

In welchem Maß wir selbstbestimmt sind, liegt letztlich in unserer Hand und lässt sich trainieren und fördern. Wer »Prokrastination« noch nie gehört hat, ist nicht zwangsläufig nicht von ihr betroffen. Dieses Fremdwort bezeichnet die jedem bekannte Aufschieberits und besteht in zwei grundsätzlich unterschiedlichen Ausprägungen. Die eine ist fast lustig, die andere nicht. Die eine ist ärgerlich, die andere schlimm. Die eine hält auf, die andere auch. Die eine ist eine Marotte, die andere kann krankhaft sein. Da wir die Prokrastination in diesem Zusammenhang sportlich betrachten, wenden wir uns nicht ihrer krankhaften Ausprägung zu, sondern versuchen, Ausflüchte des Alltags als Schusseligkeit zu sehen und dieser Aufschieberitis entgegenzutreten: mit abgestimmtem Verhalten.

Jeder hat sich schon einmal dabei ertappt, dass er notwendige, unangenehme Arbeiten immer wieder verschiebt, anstatt sie zu erledigen. Die Prokrastination ist das ideale Wort, um unsere Fehltritte zu entschuldigen: »Och, ich will ja, aber ich prokrastiniere wieder!« Hat was von Krankheit und gibt uns das gute Gefühl, zu wollen, aber nicht zu können. Wir werden quasi von einer höheren Macht gelenkt, die wir nur schwerlich beeinflussen können. Trotzdem lassen sich bestimmte Muster trainieren, die uns langfristig die Möglichkeit geben, auch bei schlechtem Wetter oder Unlust zum Training zu gehen – ohne das überhaupt infrage zu stellen!

Bei der Aufschieberitis handelt es sich um einen selbst verschuldeten Zustand, der jeder Zeit aus eigener Kraft beendet werden kann. Wenn uns die Intelligenz, das Geld, die motorischen Fähigkeiten oder etwas Ähnliches fehlt, dann haben wir es nicht mit Prokrastination zu tun, da wir die Ursache für den Moment eben nicht selbst beheben können. Wir befassen uns also mit dem Aufschiebeverhalten, das uns immer wieder heimsucht, weil wir unnötigerweise Dinge, die Priorität genießen sollten, auf einen Zeitpunkt verschieben, den wir zum Zeitpunkt des Verschiebens noch nicht benennen können, und uns stattdessen Dingen hin geben, die in diesem Moment wesentlich unwichtiger sind. Der unscheinbare Zustand der nicht erledigten Aufgabe ist für einen Außenstehenden unter Umständen als solches Problem gar nicht zu identifizieren. Er sähe nur die unerledigte Arbeit.

TOTALVERWEIGERUNG ODER AKTIONISMUS?

Im weiten Feld dieser Erscheinung gibt es verschiedenste Ausprägungen zwischen den beiden Extremen »Nichtstun« und »Überdrehen«. Wer unter Ersterem leidet, unternimmt rein gar nichts und schiebt alles auf. Er verliert alles, was ihm wichtig ist, und die Angst des Scheiterns wird mit jedem

Rückschlag genährt. Sir Peter Ustinov bemerkte einmal sinngemäß, dass die Menschen, die etwas von heute auf morgen verschieben, dieselben seien, die es bereits von gestern auf heute verschoben haben. Der Hyperaktive kann mitunter sehr erfolgreich, aber durch seinen Überhang an Aktion vom eigentlichen Lebensziel abgelenkt sein. Wenn wir nicht im Hier und Jetzt leben würden und unsere Karriere immer weiter nach vorn treiben, ohne jemals anzukommen, und immer nur in der nächsten Karrierestufe das Heil vermuten würden, wären wir vielleicht irgendwann Präsident/in der Vereinigten Staaten, würden uns aber nicht den Dingen zuwenden, die für uns ganz persönlich wichtig sind. Zwischen diesen beiden Extremen – Totalverweigerung und Aktionismus – vermute ich die meisten von uns. Irgendwo dazwischen erwischen wir uns immer wieder dabei, dass wir kleine Ablenkungsmanöver, statt das zu tun, was wir sollten, obwohl wir wissen, dass wir damit die Prinzipien der Selbstverantwortung (»Ich bin da, wo ich bin«) missachten.

»ICH KÜMMERE MICH GLEICH DARUM, ICH MUSS NUR NOCH EBEN ...«

Um das Gewissen nicht damit zu belasten, dass wir etwas aufschieben, widmen wir uns der bereits erwähnten Flucht oder der Kompensation. Damit wir Dinge guten Gewissens aufschieben können, verbinden wir sie gern mit Vorbedingungen, die eintreten müssen, damit wir uns der Hauptaufgabe widmen können. Dann können wir uns erst mit nicht ganz so schwierigem Zeug ablenken und die eigentliche Aufgabe besser vorbereiten. Wir hoffen somit, dem »Hauptproblem« mit breiter Brust die Stirn bieten und es gut präpariert angehen zu können, was unter Einbeziehung dieser überaus wichtigen Vorbedingung auf einmal kein Problem mehr darstellen sollte. Solche Leute sind im Sport die klassischen Trainingsweltmeister. Sie trainieren tagein tagaus, weil sie noch nicht die perfekte Form haben. Wenn sie dieses eine Läufchen noch machen, dann haben sie die Härte für den Endspurt, wenn die Trainingseinheit dann aber nicht so dicht vor dem Wettkampf gewesen wäre, hätten sie gewonnen, aber der Körper musste dann noch regenerieren. Hätte, wenn und aber …

Doch wer wird zu einem Prokrastinator? Leonardo da Vinci war wohl einer (er hat nur etwa 30 Bilder geschaffen und selten eins wirklich vollendet. Und die 6.000 Seiten Skizzen von diversen Apparaten, Maschinen und sogar Flugzeugen wurden erst weit nach seinem Tod verwirklicht, weil er sie aufgrund fehlender Perfektion nicht öffentlich gemacht hat und sich stattdessen lieber anderen Höllenmaschinen zugewendet hat.) Viele Menschen haben die eben aufgezeigte Angst, mit ihrer Vorbereitung noch nicht fertig zu sein, und suchen in weiterer Vorbereitung eine Möglichkeit, ihre Fertigkeiten zu perfektionieren – so wie es Leonardo da Vinci zeitlebens getan hat.

Das zeigt, dass Prokrastination nicht schädlich für die Schaffenskraft sein muss, aber trotzdem hemmt es eine Perfektionierung des Ergebnisses und der Wunsch, es immer besser zu machen, wird schnell zum Martyrium. Wenn wir uns die 79/21-Regel nochmals vor Augen führen, wird klar, dass es keine Perfektion geben kann! Je länger wir warten, desto größer wird auch die Wahrscheinlichkeit, dass neu gewonnene Erkenntnisse das Projekt befruchten würden. Aber selbst Charles Darwin hätte wohl fast die Früchte seiner Arbeit nicht einfahren können, weil er immer weiter nach Belegen und Beweisen für die Evolutionstheorie gesucht hat. Natürlich soll sich keiner der Zweitklassigkeit hingeben und seine Potenziale nicht voll abrufen, aber trotzdem muss ein jeder irgendwann sein Können zeigen. Und das geht nur, wenn man sich dem Wettkampf stellt, auch auf die Gefahr hin, dass etwas schiefgeht.

DIE ANGST VOR DEM NEIN

Ein Ursprung für die Prokrastination kann auch die Angst vor dem »Nein« sein. Diese vier Buchstaben würden auf einen Schlag das gute Gefühl, die investierte Arbeit, die Aussicht auf Erfolg vernichten. Um kein »Nein« hören zu müssen, wird rumgeeiert. Oftmals entsteht dann auch der Wunsch, sich mit leichten Aufgaben Erfolg zu verschaffen. So muss man nicht das »schwierige« Projekt angehen, sondern schafft mit anderen, scheinbar leichteren Aufgaben ein fast ebenso gutes Gefühl der Zufriedenheit.

Umwege werden durch das Erledigen weniger schlimm erscheinender Aufgaben ausgeglichen. Das setzt natürlich voraus, dass das Zeitmanagement nicht intakt ist und jeder Zeitplan schnell umorganisiert werden kann (und genauso schnell zur Farce wird). Planung findet somit nicht zur Bewerkstelligung der Herausforderung statt, sondern nur um das Gewissen zu beruhigen. »… und dann kommt doch wieder was Wichtiges dazwischen. Zack, im Umplanen kennt man sich ja aus. Dummes Schicksal, man hat es einfach nicht in der Hand!«

▶▶ **FAZIT**

Die Sucht nach Lob und eine damit einhergehende Schmerzvermeidung fördern die Prokrastination. Lob auf die Schnelle ist nur mit relativ leichten, gut zu managenden Dingen zu erreichen. Arbeitswut und Aktionismus lenken vom Hauptziel ab und der Anschiss für Lahmheit wird von vielen kleinen »gut gemacht« überdeckt. Auch Stress ist ein gewichtiger Grund für Prokrastination. Die falsche Einschätzung und Bewertung einer Situation und gefühlte Knappheit von Ressourcen lassen uns irrationale Dinge tun, die nicht in der konsequenten Umsetzung einer Planung münden, sondern im Aufschieben.

3. TRAINING FÜR DAS HIRN

Unser Gehirn lässt sich nicht nur durch die richtige Formulierung programmieren. Wenn wir es schaffen, uns das Problem der Prokrastination immer wieder bewusst zu machen und uns aktiv damit auseinanderzusetzen, dann können wir Besserung erzielen. Dazu bedarf es eines Trainings, das leicht umzusetzen ist und dessen Heil in der Wiederholung liegt. Das Prinzip der Superkompensation ist auch für den eigenwilligsten proteingetränkten Fettklumpen in unserem Körper gültig. So wie wir einen Muskel immer wieder mit einer Belastung konfrontieren müssen, damit er wächst, können wir auch das Gehirn dazu veranlassen, sich wie ein Muskel zu verhalten und zu wachsen. Und zwar im Sinne von Arbeitsfähigkeit und Effizienz.

SUPERKOMPENSATION FÜR DAS GEHIRN

Neurologen haben nachgewiesen, dass wir unser Gehirn zu unserem Vorteil entwickeln können. Es gibt sozusagen die Superkompensation für den Kopf. Zwar nimmt das Hirn nicht an Masse zu, was Albert Einstein wohl einen Kopf wie ein Rathaus beschert hätte, aber immer, wenn wir eine Entscheidung treffen oder eine Aufgabe lösen, verschalten sich im Gehirn in der Folge Milliarden Neuronen. Bleibt es allerdings bei dieser einen Entscheidung, dann ist die Datenbahn schnell wieder verschwunden, wie beim Zuwachs eines Muskels, der nur ein einziges Mal belastet wird. Nach einem kurzen Muskelkater kehrt er in den Ausgangszustand zurück. Wiederholen wir also bestimmte Entscheidungen und setzen das Training fort, dann werden die Spuren tiefer und fester und als Folge bilden sich neuronale Netze. Auch hier muss, wie im Sport, ein vernünftiges Wechselspiel von Belastung und Pausen stattfinden.

Die Aktivierung der neuronalen Netze festigt und verstärkt sich mit jedem Entschluss, den wir fassen. Doch diese Verschaltungen bilden sich erst, wenn wir die Erfahrung machen, dass wir Dinge, die wir erreichen wollen, auch tatsächlich schaffen. Es bringt also nichts, wenn sich Schriftsteller jedes Jahr den Nobelpreis zum Ziel setzen und dabei denken, dass sie nur fest genug daran glauben müssen und infolge dessen ihr Gehirnschmalz trainiert wird, was irgendwann zwangsläufig einen nobelpreisverdächtigen Gedankenerguss zur Folge haben muss. Es ist wichtig, sich attraktive Teilziele zu setzen. Zwar sollte man bei deren Erreichen nicht gleich abheben, aber man darf sich ruhig auf die Schulter klopfen: **Eigenlob stimmt!**

NEURONALE VERSCHALTUNG

Wenn wir ein Ziel erreichen, das wir uns gesetzt haben, erhalten wir Anerkennung und zwar in Form des körpereigenen (also vollkommen legalen) Glückshormons Dopamin. Die neuronale Verschaltung verfestigt sich weiter und erreicht allmählich das Unterbewusstsein. Das will mehr solcher körpereigenen Drogen und aktiviert das Verlangen nach Bewunderung. Sie wird Bestandteil unseres Unterbewusstseins und stärkt unseren Charakter. Es gefällt uns, Dinge anzugehen und erfolgreich abzuschließen.

GESETZ DES ERFOLGS

Nichts ist anziehender als Erfolg. Nicht nur in den Augen des anderen Geschlechts, auch wir selbst mögen unseren eigenen Erfolg. Wir wachsen mit der Anforderung und das Gehirn bildet immer komplexere Verzweigungen, in denen die Botschaft »Projekt angegangen und geschafft« abgespeichert wird. Das Unterbewusstsein automatisiert unser Verhalten mit jeder termingerechten Erledigung einer Aufgabe zielgerichteter und damit langfristig erfolgreicher. Wir denken fortan bei jeder wiederkehrenden Entscheidung weniger intensiv an die Auswahlmöglichkeiten »mach et« oder »lass et«. Ersteres wird immer häufiger die alleinige Handlungsalternative.

Der Sportler geht seinem Training bei den unwirtlichsten Bedingungen, zu unmöglichsten Zeiten und unter unvorstellbarsten Voraussetzungen nach und zieht die Möglichkeit einer Verschiebung nicht einmal in Erwägung. All diejenigen Sportler, die sich so sehr auf Erfolg getrimmt haben, stellen ihr Handeln nur noch bedingt infrage. Grundsätzlich sind sie von dem, was sie tun, unumstößlich überzeugt, und wenn sie meinen, dass es sich lohnt, dafür 20-mal einen in die Fresse zu kriegen, dann kriegen sie 20-mal einen in die Fresse. So hat's Rocky Balboa auch gemacht. Oder, um eine alte Fußballerweisheit zu bemühen: Wichtig is auf'm Platz! Je seltener wir unser Tun infrage stellen und stattdessen ein Ziel angehen, desto häufiger werden wir diese kleinen Siege für uns nutzbar machen. Jeder kleine Schritt ist, bei regelmäßiger Umsetzung, der Teil eines ganz großen Schritts.

4. RAUS AUS DER PROKRASTINATIONSFALLE

Wer hätte gedacht, dass selbst das Hirn superkompensieren kann, indem es sich so sehr auf Erfolg trimmt, dass unser Handeln irgendwann wie von selbst funktioniert? Wer es für sich als wichtig erkannt hat, sich entwickeln zu wollen, und diese anfangs schwierigen Schritte immer wieder macht, der verliert seine Kreativität in Sachen Ausreden – weil er sie nicht mehr braucht. Was im Einzelnen nötig ist, um das Hirn zu trainieren, verrate ich Ihnen – jetzt!

SELBSTVERTRAUEN
Die genaue Funktionsweise des Gehirns und wie man es für seine Belange nutzen kann, das können wohl nur Neurologen gänzlich verstehen. So eine Komplexität zu greifen ist nicht gerade einfach, aber trotzdem wissen wir, dass Veränderungen grundsätzlich von dort oben gesteuert werden. Zur Umsetzung des Aufschiebevermeidens benötigt jeder, der sich mit der Prokrastination rumplagt, mehr Selbstvertrauen. Man muss daran glauben, sich einer Sache widersetzen zu können. Wenn dieser Glaube an sich selbst da ist (und den erlangt man, wenn man sich gestattet, erst einmal kleinen Teilzielen Wichtigkeit beizumessen), dann erhöht sich auch die Wahrscheinlichkeit, tatsächlich zu widerstehen. »Führe dich nicht in Versuchung!«, kann helfen, das Gehirn so zu trimmen, dass man an sich glaubt.

SELBSTKONTROLLE

Wer seine Ziele selbst definiert, muss und will sie auch selbst kontrollieren. Ein »von oben« diktiertes Ziel ist bei Weitem nicht so SMART wie ein selbst gestaltetes. Vielleicht lässt sich also dem Schleifer »von oben« die Stirn bieten. Es bleibt nichts anderes übrig, als sich den Anforderungen anzunähern und zu versuchen, das Beste daraus zu machen. Zu diesem Zweck kann es sinnvoll sein, das große, erdrückende Ziel in viele kleine Unterziele oder Teilziele zu zerlegen. Kleine Ziele verschaffen täglich die Gewissheit, auf dem richtigen Weg zu sein, und machen eine Kontrolle möglich.

>  **FAZIT**
>
> Bestimmen Sie Ihren eigenen Weg — und Ihr eigenes Tempo. Bekommen Sie ein Gespür dafür, was Sie für den Moment leisten können. Erst wenn Sie voll und ganz hinter dem stehen, was Sie tun, werden Sie auch scheinbar langsames Vorankommen akzeptieren und es in den Gesamtkontext setzen. Das geht nur, wenn man seine Ziele definieren kann — dann weiß man auch, dass man für das Erreichen eines Zwischenziels keine Zeit zu verlieren hat.

SELBSTBETRUG

Manchmal muss sich der Sportler auch was in die Tasche lügen. Der Selbstbetrug, der hier gemeint ist: einfach mal machen beziehungsweise Kopf ausschalten! Nicht alles hinterfragen. Ein Sportler kann sich darauf ausruhen, dass er nach einem harten Kopfball ein paar neuronale Netze wieder flicken muss und beim Elfmeter nicht dachte »Links, rechts, oben, unten, hart, weich, antäuschen, verladen oder direkt?«, nein, »Hau das Ding in die Maschen!« ist zwar kürzer, man benötigt weniger IQ, um es zu verstehen, ist aber in der Situation zielführender. Manchmal ist es anstrengender, eine Ausrede zu kreieren, als mit Taten zu glänzen. Es gibt keine schlechten Tage, wir machen uns diese nur. Glück lässt sich wegtrainieren (man könnte auch sagen, wenn man richtig trainiert, ist man auf Glück nicht mehr angewiesen). Auch wenn wir mal keinen Spaß haben sollten, machen wir es, weil es sein muss. Abends kann man immer noch sagen, dass der Tag scheiße war – aber man hat gemacht!

SELBSTREFLEXION

Um den Geist vollends vom Zögern abzuhalten, müssen wir uns ganz ehrlich fragen, ob wir uns gerade mit Sinn oder Unsinn beschäftigen. Genau zum Zeitpunkt der Vertragsformulierung seine Kakteenzucht zu gießen ist bestimmt unglaublich wichtig für den Seelenfrieden, aber der Kaktus hält's die eine Stunde auch noch aus. Die Frage heißt also: »Muss das jetzt wirklich sein, oder suche ich nur einen Ausweg, um mich meiner Aufgabe nicht stellen zu müssen?« Die Ehrlichkeit sich selbst gegenüber ist mit einem hohen Maß an eigenem Commitment verbunden. Welche Arbeit bringt mich weiter? Oder stellen Sie doch einfach mal eine Bagatellfrage: Haben Kakteen eigentlich schon mal Danke gesagt? Nee, also ran an den Vertrag.

▶ AUFGABE

1. Unterteilen Sie das SMARTe und wohlgeformte Ziel von eben in kleine Unterziele.
2. Stellen Sie einen Zeitplan auf und legen Sie fest, wann Sie welches Teilziel erreicht haben wollen.
3. Womit wollen Sie sich belohnen, wenn Sie ein Teilziel erfolgreich gemeistert haben, und wie wollen Sie sich »bestrafen«, wenn Sie eins durch eigenes Verschulden verfehlen?
4. Legen Sie dieses Buch zur Seite und suchen in Ihrer unmittelbaren Umgebung eine Aufgabe, die Sie schon seit einiger Zeit aufschieben – und erledigen Sie sie jetzt sofort!

5. DER INNERE SCHWEINEHUND

Die rote Linie, die Sie überschreiten müssen, um die Komfortzone zu verlassen und Neuland zu betreten, kennen Sie. Wenn wir ehrlich zueinander sind – man muss diesen Schritt natürlich nicht tun. Es gibt genug Menschen, die lieben es so, wie es ist. Es ist nicht lebenswichtig, die rote Linie zu überqueren. Aber wir tun es trotzdem, weil es den Horizont erweitert und wir jedes Mal mit einem kleinen Aha-Erlebnis zurückkehren. Auch wenn die Linie heiß ist und wir uns manchmal daran verbrennen.

Anders ist es bei der Prokrastination. Sie liegt im Zentrum der Komfortzone, also so weit von der roten Linie entfernt wie nur möglich. Besonders gemütlich ist es dort allerdings nicht, im Gegenteil, es ist saukalt. Betrachten wir dieses Hindernis als blaue Linie. Das Überschreiten dieser Grenze beschert uns kaum Befriedigung. Denn dahinter wartet eben kein Neuland, sondern Altbekanntes, dem man die Sexiness schon abgesprochen hat, weil man das Resultat kennt. Dieses Resultat flößt uns Angst ein, denn wir wissen, dass wir die eigentlichen Aufgaben durch die Verzögerungstaktik namens Prokrastination nur hinausschieben, aber uns letztlich doch nicht davor drücken können.

Und genau in der Mitte zwischen Blau und Rot, da wartet er – der innere Schweinehund. Wer den Verführungskünsten dieses schäbigen Tiers allzu oft erliegt, der wird am Ende seines (Arbeits-)Lebens auf sein vergeudetes Talent blicken und sich ärgern, dass der eigene Wille nicht groß genug war, sich dem Schweinehund zu widersetzen. Ich habe aufgezeigt, dass wir nicht dazu bestimmt sind, unsere Zeit auf diesem Planeten einfach nur abzusitzen. Sowohl bei der roten als auch bei der blauen Linie geht die Initialzündung von uns aus – und nur von uns. Wenn wir wollen, dann können wir, wenn wir nicht wollen, dann werden wir einen Grund finden, es zu lassen. Und wenn wir wollen, dann können wir Körper und Geist trainieren. Wenn wir wollen. Hier einige Disziplinen, die bei der Überwindung des inneren Schweinehunds helfen können.

» PLANUNG

Wer eine entsprechende Planung vornimmt, kann bösen Überraschungen und Verzögerungen vorbeugen, die später als Ausrede gelten könnten. Wenn bei mir zum Beispiel fünf Läufe auf dem Plan standen, dann habe ich fünf Läufe gemacht. Manchmal auch nur vier. Allerdings nur unter Protest, weil mein Trainer meinte, es reiche. Jedenfalls machte ich mir beim anstrengenden 1.500-Meter-Lauf eine Planung, die alle 100 Meter abgeglichen werden konnte und dröselte den Gesamtlauf in kleine handliche Pakete auf, die nacheinander abgehakt werden konnten.

» RITUALE

Um sich Muster einzuprägen oder zu automatisieren, helfen Rituale, die die Konzentration auf das Wesentliche lenken. Der Sportler kommt auf den Platz, läuft sich drei Runden warm, macht eine Viertelstunde Gymnastik, absolviert zehn Minuten koordinative Vorübungen, läuft zwei Steigerungen und beginnt dann mit spezifischen Vorbereitungen auf die Disziplin. Jedes Training, jeden Wettkampf. Immer das Gleiche. Dieser Automatismus lässt genug Energie für die Fokussierung auf das Wesentliche und gleichzeitig keinen Platz für den inneren Schweinehund.

»HIGHLIGHTS

Wer den Kampf gegen den inneren Schweinehund aufnehmen will, der kann auch außergewöhnliche Ziele haben. Der muss nicht unbedingt Vorstandsvorsitzender werden wollen, aber der kann sich vielleicht als Ansporn für die Traumreise nach Mallorca, das Ziel setzen, bester Verkäufer des Unternehmens zu werden.

» VERÖFFENTLICHUNG

Ziele sollten veröffentlicht werden. Nicht unbedingt via Twitter oder Facebook, das macht sowieso jeder und dem Ernst der Lage kann damit nicht genügend Nachdruck verliehen werden. Besser geht es im Angesicht der möglichen Schmach. Im Freundes- oder Kollegenkreis, in nüchternem Zustand, im Vollbesitz seiner geistigen Kräfte, unabhängig von Jahreswechseln kann man seinem Gegenüber tief in die Augen blicken und verkünden, dass man mit dem Rauchen aufhören will.

Ich habe meinem besten Freund vor den Olympischen Spielen von Atlanta die Wette schlechthin angeboten. Er brauchte keinen Einsatz entgegenzusetzen. Er gewann oder alles blieb beim Alten. Ich wollte weit springen. Verdammt weit. Ich hatte eine Bestleistung von 7,80 Meter und wollte 8,00 Meter springen! Ich war in einer bestechenden Form und in einer unglaublich guten mentalen Verfassung. Ich war mir meiner Sache sicher. So sicher, dass ich meine Freundin verwettete! Bis 7,99 Meter würde er sie bekommen, ab 8,00 Meter würde ich sie behalten. Der Deal war einfach. Auch wenn sich meine geistige Verfassung etwas umnachtet anhört, ich war mir sicher. Das muss man auch sein – es sei denn, man will seine Freundin loswerden. Aber ich habe es geschafft. 8,07 Meter reichten und heute bin ich mit dieser wundervollen Frau verheiratet. Von diesem Wetteinsatz habe ich ihr allerdings erst sechs Jahre später erzählt. Mein Freund hätte sie aber auch nicht genommen. Erstens ist er loyal, zweitens hat er selbst eine tolle Frau und drittens war das ein Spaß unter Männern. Aber ich war mir sicher. Und warum sollte ich 7,81 Meter springen, wenn ich den großen Hüpfer drauf hatte?

> BELOHNUNG

Projekte können leichter begonnen werden, wenn man sich die Belohnung zurechtlegt. Was gönne ich mir, wenn ich das schaffe? Das hat früher als Kind beim Zahnarzt auch geklappt. Mund auf, Bohrer an, Füllung rein und nachher gibt es eine schöne materielle Anerkennung von den Eltern ...

» VISUALISIERUNG

Sich schöne Bilder vorstellen, den Erfolg erleben – auch wenn er noch gar nicht da ist – spornt uns an, Energien aufzuwenden, um zu starten. Diese Visualisierung ist auch in Grundzügen autogenes Training. Manchmal lag ich schweißnass im Bett, weil ich mir vorstellte, wie ich 1.500 Meter lief, die letzten Meter einen grandiosen Endspurt vollführte, die Uhr tickte unerbittlich, ich wollte den Weltrekord, ich gab alles, ich kämpfte, das war der Wettkampf meines Lebens, es lag nur noch an mir und meinem eigenen Willen, die 9.000 Punkte auch wirklich zu schaffen, die Chance meines Lebens, jetzt war sie da, ich musste sie nutzen, ich war bereit, ich lief, ich kämpfte, ich gab alles, stürzte ins Ziel, warf mich über die Linie, holte alles aus mir raus, die Uhr stoppte – und ich hatte es geschafft. Geiles Kino! Im Bett war ich weltrekordverdächtig ...

Aber trotzdem hat mir eben diese Suggestion in der Vergangenheit mehrfach geholfen. Ich riss auf dem Weg zu den Olympischen Spielen das Bild des haushohen Favoriten Dan O'Brien aus dem Stern. Den wollte ich ärgern, den packte ich in meine Tasche, den holte ich jeden Tag raus. Wie einen Starschnitt quasi. Trotz pubertärer Scheißegalstimmung hellen Justin Bieber, Shawn Mendes und Christiano Ronaldo das Gemüt auf und alle 14-Jährigen denken, dass der jeweils Angebetete nur auf sie gewartet hat. O'Brien hatte zwar nicht auf mich gewartet, aber ich beschäftigte mich schon Tage im Voraus damit, wie es werden könnte. Für mich gut, für ihn schlecht (ich formulierte ja SMART).

» UNTERSTÜTZUNG

Sich bei seinen Liebsten Unterstützung zu holen, kann helfen, Durststrecken zu überwinden. Wenn man sein Handeln infrage stellt, kann der Zuspruch des direkten Umfelds den Schweinehunddompteur dazu veranlassen, sein Abgleiten vom Vorhaben noch einmal zu überdenken. Für den Fall müssen Dritte aber in das Projekt eingeweiht werden.

» SOCIAL COMMITMENT

»Social commitment« bezeichnet einfach die Verabredung mit anderen. Wenn ich denen mein Wort gebe, dann muss ich es halten. Sich selbst enttäuschen, vor allem bei Dingen, die sowieso keinen Spaß machen, ist ein Leichtes, aber meinen besten Freund, den lasse ich nicht hängen. So schafft man zusammen den Schweinehund, fokussiert sich nicht auf das Tier im Köpfchen, sondern darauf, wie man seinem Kumpel glaubhaft versichert, dass man wirklich nicht kann. Und weil es keinen triftigen Grund für eine Absage gibt, lässt man es und hält sein Wort. Es sei denn, der andere ist genau so ein Weichei wie man selbst. Aber wer beginnt mit der Schwächelei?

» ENTSCHLOSSENHEIT

Die letzte Disziplin ist zwar für Fortgeschrittene, hilft aber ebenfalls. Es handelt sich dabei um die Entschlossenheit. Wer für sich erkannt hat, dass es lohnenswert ist, für eine Sache zu arbeiten, der wird dieser Erkenntnis Taten folgen lassen. Bevor man sich aber durch diese Tugend auf dem rechten Pfad halten lässt, muss man die Disziplinen »Zielformulierung« und »Umgang mit Rückschlägen« aus dem Effeff kennen und wissen, wie Dreck schmeckt.

6. ZEITMANAGEMENT

»Ich hab' doch keine Zeit!«, hört man den hektischen Zeitgenossen stöhnen. Warum hat er eigentlich keine Zeit, andere aber schon? Weshalb haben die Tage mancher Menschen 28 Stunden und bei anderen sind es nur 20? Ist Belangloses unbedingt zu meiden oder dürfen wir uns auch an diesem erfreuen? Warum grinsen Arbeitswütige und stöhnen Nichtstuer? Man weiß es nicht, denn jeder tickt anders. Wenn es nur um Effizienz geht, lässt sich aber trotzdem eine Verhaltensweise herauskristallisieren, die effizienter ist als andere.

Zeitnot entsteht, wenn man sich zu viele Aufgaben für ein zu kleines Zeitfenster vornimmt, dabei mit vielen nicht planbaren Dingen konfrontiert wird, die aufreiben, oder Einschätzungen und Prioritäten nicht zielgerichtet formuliert. Jeder, der in Zeitnot gerät, kann nicht mehr so konzentriert arbeiten, wie er das gern möchte. Ein großes Problem der Prokrastination ist die Zeit, weil man immer näher an die Deadline gerät, ohne wirklich fertig zu sein (oder überhaupt angefangen zu haben). Weil der von diesem Problem gepeinigte Aufschiebekünstler Angst vor dem Druck hat, der mit Beginn der Aufgabe immer greifbarer wird, vermeidet er es, zu beginnen. Und das tut er so lange, bis er keine Chance mehr hat, die jeweilige Aufgabe zu bewältigen, und dann greift die Ausrede, die er in der Zeit des Aufschiebens bis ins Detail perfektionieren konnte. Aufgrund des winzigen Zeitfensters ist es ihm nicht möglich, die Aufgabe anzugehen, geschweige denn zu erledigen! Eine selbst verschuldete Zeitnot nutzt er als Erklärung für das Nichtschaffen der Aufgabe. Er verschiebt die Zone des Motivationsüberschusses so lange, bis Ausreden zur Legitimation des Scheiterns die einzige Lösung für das Problem sind. Im Sport heißt es dann, dass man schon schneller hätte laufen können, aber genau bei diesem Wettkampf, da wollte man mal Letzter werden. Das klappt immer, wenn man sich Mühe gibt und sich langsam genug bewegt.

(In diesem Beispiel ist kein Athlet gemeint, der kämpft wie ein Löwe und dessen Fähigkeiten dann trotzdem »nur« für den letzten Platz reichen. Dem gehört Respekt gezollt. Der hat nichts aufgeschoben, er hat sich seiner Sache gestellt und er führt auch keine selbst verschuldete Zeitnot als Ursache seines Scheiterns an. Der ist mit dem zufrieden, was er gemacht hat, und das kann und darf und muss er auch sein.)

WER KÄMPFT, KANN VERLIEREN – WER NICHT KÄMPFT, HAT SCHON VERLOREN

Ein Toast auf die kämpfenden Verlierer! Entweder halten sie sich in der falschen Disziplin auf oder zeigen eine beneidenswerte Leidenschaft für etwas, das ihnen wichtig ist, wofür sie aber absolut kein Talent haben. Es ist egal! Wenn es ihnen Freude bereitet, sich dieser Sache hinzugeben, sind sie dort genau richtig, weil sie Erfolg anders definieren, als der, der gewinnen will und das auch kann. Verlierer können mit unter starke Typen sein. Der Skispringer Eddie »the Eagle« Edwards konnte damit sogar Geld verdienen. Er hatte immer Spaß und hat stets versucht, alles aus sich herauszuholen. Oder Eric »der Aal« Moussambani aus Äquatorialguinea. Der hat bei den Olympischen Spielen 2000 sogar seinen Vorlauf gewonnen, obwohl er erst kurz zuvor das Schwimmen erlernte. Gut, die anderen Schwimmer wurden wegen Fehlstarts disqualifiziert, er wäre fast ertrunken, aber er hat die Massen bewegt, weil er richtig gekämpft hat.

Aber zurück zum Zeitmanagement: Wie viel Zeit benötige ich wofür? Der Sportler möchte immer gern mehr trainieren, weil er glaubt, so seine Fähigkeiten perfektionieren und sein Talent voll ausnutzen zu können. Doch die Superkompensation zeigt, dass die Leistungssteigerung nur in der Erholung stattfindet. In der Zeit, in der er die Füße hochlegt und nichts macht, wird er besser! Welch eine Vergeudung unserer knappsten Ressource, der Zeit! Manche in berücksichtigen ihrer Planung des Erfolgs keine Auszeit, dabei ist sie alles andere als unwichtig. **Erholungsphasen sind nötig und dringend.** Deshalb können auch Arbeitstiere nicht 24 Stunden am Tag schuften. Die Evolution hat ein menschliches Grundbedürfnis entwickelt, dessen Entzug auch als Folter dienen kann: Schlaf. Er ist essenzieller Bestandteil der Wiederherstellung oder Aufrechterhaltung unserer Ressourcen. Aus diesem Grund darf man sich zwar nicht den ganzen Tag schlafender Weise darauf ausruhen, dass nur so Entwicklung stattfindet, nein, nur durch entsprechende Reizsetzung wird der Schlaf zu einem leistungssteigernden Gegenpol zur Arbeit.

Zeitmanagement setzt Planung voraus. Am Anfang einer Saison wird anhand bestimmter Kriterien geplant, welche Einheiten zur welcher Zeit und welche Inhalte mit welcher Intensität umgesetzt werden sollen. Eine Planung ist nur so gut wie das erste Problem. Probleme lassen sich nämlich nicht planen. Wenn man sie planen könnte, wären Probleme keine Hindernisse, sondern Weggefährten. Probleme lassen sich nur im Entstehen angehen und dann mit einer veränderten Planung in die Erwägungen einbeziehen.

Man kann sich also getrost von der erhofften Perfektion verabschieden und auch hier greift einmal mehr die 79/21-Regel. Der Großteil muss stimmen, die restlichen 21 Prozent sind nicht beherrschbar, vorhersagbar oder planbar. Dafür müssen Puffer eingebaut werden. So knallhart ein Leben auch durchgeplant ist – ohne Zeitinseln für Unvorhergesehenes kommt jeder irgendwann ins Straucheln. Es erfordert Gespür und Erfahrung, für seinen Bereich abschätzen zu können, wie viele Puffer eingebaut werden müssen, damit man nicht dermaßen in Verzug gerät, dass Unruhe aufkommt. Während meiner Bundeswehrzeit beendete ich mein Training um 19.48 Uhr, weil der letzte Zug zurück zur Kaserne mit der um 19.57 Uhr abfahrenden S-Bahn erreicht wurde. Es hatte sich gezeigt, dass ich für in die Umkleide gehen, ausziehen, duschen, abtrocknen, anziehen, zur S-Bahn rennen alles in allem acht Minuten brauchte. Eine Minute baute ich als Sicherheit ein, falls die Seife mal im Abfluss verkantete oder ich das T-Shirt falsch herum anzog.

7. PRIORITÄTEN SETZEN

Nach dem ganzen scheinbar belanglosen Zeug wie pennen, Puffer, Pausen und Problemen kommen wir nun zum genauen Gegenteil, welches letztendlich über den schnellen (und nicht langfristigen) Erfolg entscheidet. Dazu möchte ich gern das vom amerikanischen Präsidenten Dwight D. Eisenhower praktizierte Prinzip zum Anlass nehmen, Möglichkeiten aufzuzeigen, die zielgerichtet eigene Ressourcen und Möglichkeiten auf bestehende Anforderungen bündeln.

Eisenhower unterschied in zwei Bereiche: wichtig und eilig. Mehr gab es da nicht. Auf diese Weise kommt niemand durcheinander und kann sich in Ausreden flüchten. Im Sport ist das von Vorteil. Ansonsten auch. Der Planende muss nur ehrlich abwägen, was wichtig und was eilig ist.

Hier haben wir mit der »Wichtigkeit« schon einen ersten Punkt, der Priorität genießt. Wer sich selbst gegenüber Versprechen abgibt und sie einhält, schafft die Grundlage für erfolgreiches Handeln. Wer kreative Ausreden entwickelt und dafür Energie aufwendet, der siedelt Commitment als nicht ganz so wichtig im Sinne des An-sich-Arbeitens an. Wer für sich Ziele definieren kann, und willens ist, sie anzugehen, der ist für seine Wichtigkeit sensibilisiert. Wer sich wichtig nimmt, der weiß auch, was der momentanen Zerstreuung dient und als superkomensationsauslösend oder aber als Teil einer Verzögerungsstrategie gewertet werden muss. »Wichtig« ist für jeden anders – man muss nur sein persönliches »Wichtig« kennen.

Ob Eisenhower des Sportelns mächtig war, ist nicht überliefert. Sein Prinzip lässt sich jedenfalls in Sport, Freizeit und Beruf gleichermaßen anwenden. In der folgenden Abbildung sehen Sie die vier möglichen Ausprägungen der beiden Kriterien Wichtigkeit und Dringlichkeit. Es lässt sich daraus für jeden individuell nachvollziehbar ableiten, warum er in welcher Angelegenheit wie handeln sollte.

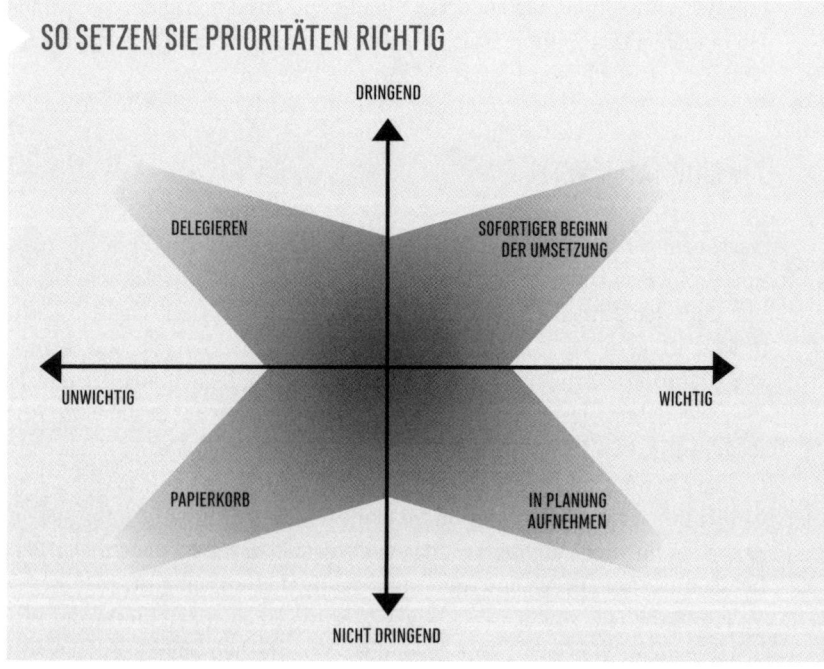

ERFOLGSVERHINDERER UND WIE MAN SIE ÜBERLISTET

» WICHTIG UND DRINGEND

Was wichtig und was dringend ist und nicht warten kann, muss aus der Situation entschieden werden und ist individuell verschieden. Die Folgen lassen sich oftmals nur schwer abschätzen, dennoch haben wir ein Gespür für unser Handeln, weil wir gewisse Ziele verfolgen und Werte vertreten. »Sofort« heißt »Start der Umsetzung in unmittelbarer Zukunft«. Aufschub wird nicht geduldet und ein Hinauszögern kann durch Ausreden nicht abgefangen werden. Wenn es so wäre, dann wäre die Angelegenheit weder wichtig noch dringend.

» UNWICHTIG UND DRINGEND

Eisenhower hat unwichtige, aber dringende Aufgaben ganz einfach weitergegeben. Sie erfordern eine sofortige Umsetzung, sind aber nicht so wichtig, als dass er sich persönlich darum hätte kümmern müssen. Nicht jeder von uns hat einen Stab für Bagatellenerledigung, trotzdem eröffnen sich vielleicht Möglichkeiten, wie man mit Anforderungen dieser Art umgeht. Eine Sache zur sofortigen Erledigung abzugeben stellt für die meisten eine unüberwindbare Hürde dar, da sie in der Verwertungskette zu weit unten stehen, als dass sie über derlei Ressourcen verfügen.

Wenn es bei Ihnen dazu kommen sollte, dass Sie unwichtige Dinge, die eilen, zu erledigen haben, aber nicht wie Eisenhower delegieren können, dann suchen Sie doch einfach das Gespräch mit demjenigen, der auf die Erledigung wartet und erläutern ihm das Dilemma. Ein Gespräch und gute Kommunikation beugen oftmals möglichen Problemen vor. Allerdings sollten Nettigkeit des anderen und fehlende Angst vor ihm nicht genutzt werden, ausgerechnet immer ihn warten zu lassen. Wenn es nur Sie allein betrifft, dann delegieren Sie an eine Prioritätenliste der Dringlichkeit und arbeiten diese zügig ab – keine Ausreden, keine Prokrastination.

» WICHTIG UND NICHT DRINGEND

Nicht Dringendes lässt sich hervorragend in die Zeitplanung aufnehmen. Da es nicht sofort erledigt werden muss, kann man es erst mal liegen lassen und aufschieben. Gefährlich. Eben diese Dinge können zum Fluch werden. Eigentlich müssen sie gemacht werden, aber sie lassen sich aufschieben. Daher gehört zu dieser Vorgehensweise eine gehörige Portion Selbstreflexion und Eigenverantwortung. Schiebt man etwas auf, weil man es in kleinen Teilzielen erarbeitet möchte, oder aber weil man es eigentlich überhaupt nicht anpacken will? Wer weiß, dass er sich der Aufschieberitis widersetzen kann, der wird es auch schaffen, sich ihr zu widersetzen. Dazu bedarf es aber kontinuierlichen Trainings und eingeschliffener Muster und Rituale, damit die Aufnahme in die Zeitplanung nicht am Ende doch die Legitimation zur Aufschieberei wird.

Glücklicherweise handelt es sich hierbei um wichtige Dinge, die also gemacht werden müssen. Ein »Vergessen« würde eine Störung des Gesamtsystems nach sich ziehen und plötzlich tun sich andere Baustellen und neue Herausforderungen auf, die die ursprüngliche Anforderung potenzieren. Jeder sollte sich überlegen, ob er die Freiheit der Zeitplanung dahingehend ausnutzt, das formulierte Ziel zu verwässern, in dem er zu sehr prokrastiniert. Nach den Kriterien der Selbstverantwortung muss man solche Projekte fest terminieren. Wer das schafft, der weiß, dass er irgendwann auch bei tierisch schlechtem Wetter einen Wettbewerb als Erster beenden kann.

» UNWICHTIG UND NICHT DRINGEND

Unwichtige und nicht dringende Aufgaben … ab damit in den Papierkorb! Aber unterscheiden Sie, ob sie nur für Sie unwichtig und nicht dringend sind, oder auch für andere! Für andere kann genau Ihr belangloses Zeug wichtig sein, und dann darf es auf keinen Fall im wörtlichen Sinne im Papierkorb landen. Trennen Sie sich gedanklich davon und setzen Sie Ihren Gesprächspartner respektvoll davon in Kenntnis. Er wird es Ihnen danken.

Unwichtige und nicht dringende Angelegenheiten sind meist Ausflüchte und gehören in den Bereich der Ablenkung. Warum stehen sie auf unserer Agenda, wenn sie nicht wichtig sind? Wenn wir uns von ihnen befreien, können wir es schaffen, Ressourcen zu schonen und zielgerichteter zu arbeiten. Wenn wir uns mit diesen Dingen aufhalten, laufen wir Gefahr, Flucht und Kompensation zuzulassen und die Aufschieberei zu fördern. Wenn wir uns nicht davon trennen können und ihnen doch eine eigentlich gar nicht vorhandene Wichtigkeit beimessen, dann stimmt mit unserer Selbstreflexion etwas nicht.

▶ AUFGABE

1. Notieren Sie, was Ihnen wichtig ist.
2. Markieren Sie die Dinge, die für Ihren Beruf direkt oder indirekt wichtig sind, und diejenigen, die Ihnen nur wichtig sind, weil sie Ihnen profanen Spaß bereiten (nicht vergessen, Spaß im Leben ist alles).
3. Notieren Sie Marotten, die Bestandteil Ihres täglichen Lebens sind.
4. Hinterfragen Sie, ob Sie diese Marotten beibehalten wollen. Reflektieren Sie ehrlich!

Bei der Abfrage dieser Punkte geht es nicht um richtig oder falsch. Auch Marotten können wichtig sein. Wenn Sie für sich entscheiden, dass Sie es brauchen, manchmal unvernünftig zu sein und einen Marathon zu laufen, dann ist das richtig. Wenn Sie allerdings so viel laufen, dass Sie Ihren Laufschuhen Namen geben, dann sollten Sie Ihre Prioritäten überdenken. Ich konnte in meinem Zehnkämpferdasein nicht alle Disziplinen gleichermaßen trainieren. Die einen klappten häufiger, die anderen aus verschiedenen Gründen nicht so oft. Ich hätte den Weitsprung gern trainiert. Aber mein Körper hat einfach nicht mitgespielt. Ich war mir aber sicher, dass ich diese »Schwäche« durch mentale Stärke und Erfahrung wettmachen konnte. Meist klappte das und obwohl ich mich vor dem Training (aus Vernunft) »gedrückt« habe, war ich erfolgreich im Weitsprung.

▶▶ FAZIT:

Schonen Sie Ihre Ressourcen — sie sind das, was Sie ausmacht. Widmen Sie sich einer vernünftigen Zeitplanung, die trotz stringenten Handelns genügend Spielraum für Erholungsphasen und Zeitmanagementfehler lässt. Gehen Sie in sich und hinterfragen Sie Ihre Prioritäten, ohne Ihr Tun infrage zu stellen. Es gibt im Leben eines jeden Dinge, die wichtig sind, auch wenn sie anderen vollkommen idiotisch scheinen. Wenn es Ihnen wichtig ist, dann ist es eben so. Aber wenn Sie zu dem Schluss kommen, dass Sie sich an wirklich Unwichtigem aufreiben, trennen Sie sich von diesen Zeitfressern. Seien Sie ehrlich, kritisch und in hohem Maß selbstreflektiert. Das ist dringend und wichtig.

8. POSITIVER STRESS – NEGATIVER STRESS

Ein großer Energieräuber ist Stress. Und zwar der sogenannte Distress. Er ist der gemeine Zwilling vom euphorisierenden, alles aus uns herausholenden Eustress. Distress ist negativ behaftet und hindert uns daran, uns mit Leib und Seele auf den Fokus unseres Handelns zu konzentrieren. Stress ist also nicht gleich Stress. Jeder kennt den negativen Stress und viele verschlechtern sich unter seinem Einfluss, weil er kleine Energiereserven aufbraucht, mit denen er sich selbst befeuert.

Allerdings gibt es scheinbar nichts Einfacheres, als den Stress zu beseitigen: Wir müssen die Scheißegal-Einstellung perfektionieren! Wenn es uns egal ist, dass wir zu spät kommen, dann haben wir damit kein Problem, also auch keinen Stress. Der auf uns Wartende sollte auch mal locker bleiben, dann ginge es ihm besser. Dass er noch nicht auf »egal« geeicht ist – selbst Schuld. Wenn wir im Job die Beförderung nicht bekommen, egal, macht sich halt ein anderer zum Hamster im Rad. Wenn wir unser Geld an der Börse verlieren – pah, der schnöde Mammon hat noch niemanden glücklich gemacht! Die wirklichen Werte des Lebens kann man nicht kaufen. Reine Einstellungssache also, ob wir uns von so etwas stressen lassen.

Im Sport ist das ähnlich. Warum stressen sich Sportler eigentlich? Nur weil sie gewinnen wollen? Es gibt nichts Unwichtigeres als den Sieg. Lebt man dadurch länger? Ist der Sieger glücklicher? Für den Moment gewiss, aber was ist, wenn er den Erfolg wiederholen will und das nicht schafft? Er läuft sein Leben lang etwas hinterher, was in immer unerreichbarere Ferne rückt. Und irgendwann ist der Lack ab. 50-jährige Olympiasieger gibt's nur beim Dressurreiten. Piaffe links, Traverse rechts. (Aber das Pferd ist doch selten älter als 10 Jahre.)

Aber wenn die Scheißegal-Einstellung wirklich *die* Lösung gegen Stress wäre, lebten wir in einer Welt der Gleichgültigkeit. Wir müssen uns über Dinge aufregen dürfen, die uns emotional berühren, wir müssen für eine Sache fiebern und kämpfen, weil sie uns wichtig ist. Egal ist wirklich nur, ob sich das Wasser auf der Nordhalbkugel links oder rechts herum in den Abfluss dreht, obwohl sich jeder darüber den Kopf zerbricht und kluge Nichtphysiker immer eine Lösung anbieten. Manches stresst uns, weil wir es nicht beherrschen, weil wir es nicht können, weil wir zu wenig Zeit haben oder unsere

9

Ziele nicht erreichen. Hindernisse, die uns stressen, sind manchmal mannshoch, manchmal kommen zwei hintereinander und manchmal stehen sie im Stakkatotakt wirr und unzähmbar in unserem ach so herrlichen Weg und wollen uns unbedingt davon abbringen, die Früchte unserer Arbeit zu ernten.

KAMPF ODER FLUCHT?

Hürden können stressen. Aber sie können auch Chancen sein. Wenn wir nämlich unsere Konkurrenten über ihnen abhängen und im Ziel feststellen können, dass wir das richtig gut hinbekommen haben, dann spüren wir eine tiefe Zufriedenheit. Und die kostet noch nicht mal was. Ganz umsonst im monetären Sinne. Und den Stolz spürt man an der geschwellten Brust, der Blick wird klar, der Kopf richtet sich auf, der Körper bekommt eine gleichmäßige, unangestrengte Spannung, der Kiefer entspannt sich, die Mundwinkel wollen die Ohren knutschen und wir haben so ein gutes Gefühl. Beeindruckend. Und wie hat man diese Hürden überwunden? Die Evolution hat sich da etwas Profanes einfallen lassen und stellt uns immer wieder auf die Probe und ganz allein wir entscheiden, wie wir es nutzen wollen. Wäre es uns egal, würden all die nun folgenden Alarmsignale des Körpers nicht gezündet. Wäre es uns gleichgültig, dann hätten wir die Energie, eine Fenchelknolle zu ernten, aber die Natur hat es so eingerichtet, dass wir dem Säbelzahntiger die Eingeweide rausreißen, ihn zerlegen und aus seinem Fleisch 1AFilets zaubern können. (Ich kann alle Vegetarier beruhigen, auch sie können eine Energie freisetzen, die sie Unmögliches vollbringen lässt. Zwar nicht bei der Ernte einer Fenchelknolle, aber beim Freisetzen autonomer Reserven bei der Flucht vor dem Tiger.)

Kampf oder Flucht – das sind in diesem Fall die beiden Alternativen, die von den körpereigenen Stresshormonen Cortisol, Adrenalin beziehungsweise Dopamin gepusht und vom Nervensystem unterstützt und gesteuert werden. Auf der einen Seite wird die Beschleunigung des Pulsschlags durch den *Sympathikus* bestimmt, der das Herz schneller schlagen lässt. Die Pupillen weiten sich, sämtliche Härchen stellen sich auf, der Blutdruck steigt, die Muskelspannung nimmt zu und Schweiß schießt aus den Poren. Unsere Pumpe funktioniert wie ein russisches Maschinengewehr. Gleichmäßig feuert sie Salven von Blut durch unseren Organismus, bis in die entlegendsten Winkel und macht den Körper bereit für den Kampf seines Lebens oder aber die

Flucht seines Lebens. Die Natur hat uns eine Kraft gegeben, die wir nur unter Einfluss der ausgeschütteten Stresshormone nutzen können. Diese lassen uns in Bruchteilen von Sekunden den Kampf mit dem Säbelzahntiger aufnehmen oder aber mit einem Riesensatz das Weite suchen. Obwohl wir hier zwei grundsätzlich unterschiedliche Disziplinen bestreiten (einmal ganz schnell rennen oder aber ordentlich auf die Fresse hauen) reagiert der Körper auf dieselbe Weise. Sprinten und boxen haben also genauso viel gemeinsam wie alle anderen Disziplinen des gegenseitigen Kräftemessens auch. Unser Nervensystem arbeitet auf Hochtouren und stellt Leistung bereit. Wir brauchen die Stresssignale also, um richtig gute Leistung zu erbringen.

Der *Parasympathikus* hingegen ist der Teil des Nervensystems, der wohl in Perfektion bei unmotivierten Teenagern ausgebildet ist, die mal gaaanz in Ruhe chillen wollen. Die Muskeln entspannen sich und das Blut wird zur Unterstützung der Verdauung aus den Extremitäten in die Mitte des Körpers gepumpt. Die Pupillen werden enger, der Puls ruhig und der Blutdruck sinkt. Das ist die typische McDonalds-Stimmung, wenn man sein Essen einfach für 'nen Euro kaufen kann und nicht darum kämpfen muss. In dieser Stimmung haben wir sogar fast Herzrhythmusstörungen. Der Puls pocht im Millisekundenbereich unregelmäßiger als mithilfe des Sympathikus, aber er muss ja auch nicht im Volldampfrhythmus klopfen. Mussten wir unter Stress noch alle Ressourcen komplett auf Betriebstemperatur hochgefahren haben, können wir jetzt entspannen und da kann der Puls auch mal ein bisschen unregelmäßiger schlagen – bis zu der Entscheidung, ob man noch einen Big Mac isst oder es lieber sein lässt. Auch das kann Stress verursachen.

Stress entsteht also hauptsächlich im Kopf. Hätten wir den nicht, dann gäbe es keinen Stress (und keine Friseure). Die Grundbedürfnisse des Menschen, wie das Stillen des Hungers und des Dursts, Schutz vor Kälte und Wärme, ausreichend Schlaf oder körperliche Nähe und Berührung benötigt jeder, um ein entspanntes Leben führen zu können. Dicke Autos, eine Rolex und drei Lebenspartner auf einmal hat die Evolution beim Zusammenbrauen der Stresshormone nicht eingeplant. Trotzdem kann auch das Stress hervorrufen, wenn man sich etwas nicht leisten kann, es aber möchte, und wenn man mit drei Frauen gleichzeitig durch's Leben will, keine von der anderen weiß und man nicht in einer polygamen Kommune lebt. Stress fängt aber schon viel eher an. So stresst den einen seine Heizkostenabrechnung, den nächsten nicht, da ihm nicht zu frieren wichtiger ist als zu zahlen. Aber auch sozialer Status und Ansehen sowie die Umsetzung eigener Werte, die Kraft und Planung verlangen, versetzen in Stress.

Der Sportler geht seinem Hobby nach, keiner zwingt ihn dazu, auf niederem Niveau bekommt er noch nicht mal Geld dafür, er hat für sich das Talent und die Lust erkannt, in diesen Bereich Zeit zu investieren, und wenn er sich verletzt, ist er gestresst. Wenn er vor einem wichtigen Wettkampf steht, empfindet er Stress, wenn er vielleicht so gut ist, dass er in der Zeitung steht und sich da durch indirekt oder auch direkt unter Druck gesetzt fühlt, kann Stress aufkommen. In der Situation selbst geht jeder anders mit der Herausforderung um. Und jeder bewertet diese Situation anders. Der nach außen stoisch wirkender Kugelstoßer brodelt innendrin wie ein Vulkan, der fickerige Sprinter veranstaltet einen Mordszauber, weil das sein Ritual ist, sich nervlich in Position zu bringen. Alle, die sich mit einer wie auch immer gearteten Situation konfrontiert sehen, setzen sich mit ihrer Umwelt auseinander, bewerten die Gegenwart, nutzen Erfahrungen aus der Vergangenheit und setzen Hoffnungen in die Zukunft. Die komplexe Analyse eines einfachen Vorgangs setzt mitunter wahre Synapsenexplosionen voraus. Einzig und allein unser Hirn steuert unser Verhalten in Bezug auf Kampf, Flucht oder Scheißegal-Einstellung. Und nur derjenige, der seine Situation so bewertet, dass sie trotz Magenkribbelns ein gutes Gefühl hervorzaubert, der kann das Adrenalin für Leistung und nicht fürs Verlieren nutzen.

Als ich bei meinen ersten Olympischen Spielen 1996 in Atlanta an den Start ging, hatte ich nichts zu verlieren. Ich trat an, um die Großen der Zunft ein wenig zu ärgern. In meinem erst fünften Zehnkampf hatte ich erwiesenermaßen noch überhaupt keine Ahnung von dem, was ich da tat, und konnte mich nur selbst überraschen. Stress empfand ich natürlich, ich konnte vorher nicht schlafen, ich nervte mein Umfeld, ich rannte den ganzen Tag aufs Klo, aber bewertete die Situation als Chance meines Lebens, die mitunter irgendwann wiederkommen könnte – 2000 in Sydney oder aber 2004 als dann auch erst 29-Jähriger. Also konzentrierte ich mich bei diesem Wettkampf nicht auf die Möglichkeit eines eventuellen Verlusts – ja, was konnte ich denn verlieren? Nichts! Ich war dabei und so ging ich an den Start. Ohne Furcht und ohne Sorgen.

Ich war da, wo ich war, mit Haut und Haaren und hundertprozentig. Das war ein verdammt gutes Gefühl. Es war so warm und wohlig, es war ein riesiges Kribbeln, und genau deshalb wusste ich, wofür ich all die Jahre bei Kreismeisterschaften, bei Landesmeisterschaften und bei Deutschen Meisterschaften für den Ernstfall, den ich zu der Zeit noch nicht kannte, geprobt hatte: Um der Welt und vor allen Dingen mir selbst zeigen zu können, was ich konnte, und das war viel. Verdammt viel. Ich spürte, wie ich nach vorn blickte, wie ich eins wurde mit all diesen Disziplinen, die mir scheinbar in die Wiege gelegt worden waren, die ich aber mit einer unglaublichen Hingabe perfektioniert und mir zu eigen gemacht hatte. Die Zuschauer verschwammen zu einer breiten Masse, die ich zu meinem Vorteil nutzen konnte, weil ich sie in mich aufsog. Es gab nur mich und diesen Sport. Diesen verdammten Sport, dem ich so viel Aufmerksamkeit schenkte, wie kaum etwas anderem in meinem Leben, und nun hatte ich die einmalige Chance, die ich nutzen wollte.

Dann kam er, Dan O'Brien, das Objekt meiner Begierde, Weltmeister, Weltrekordler, das Nonplusultra des internationalen Zehnkampfs. Den wollte ich ärgern, aber das wusste er natürlich nicht. Ich war 21 Jahre alt und hatte von Tuten und Blasen keine Ahnung, aber wie man den Favoriten ärgern konnte, das malte ich mir ein ums andere Mal in meinen Träumen aus. Mittels Kopfkino hatte ich nach neun Disziplinen nur 200 Punkte Rückstand, ich rannte um mein Leben und nahm ihm über 1.500 Meter über 30 Sekunden ab. Schweißgebadet entstieg ich dann meinem Bett und musste feststellen, dass sich Gewinnen gut anfühlt. So weit das Kopfkino.

O'Brien kam also in den Callroom, also unseren Warteraum, stellte sich in die Mitte des Zimmers und fragte: »Who is Busman?« Der hat ja Nerven, dachte ich, kommt rein und sucht erst mal den Busfahrer! Aber angehende Olympiasieger dürfen sich halt fahren lassen. Ich reagierte nicht, ich kannte ihn nur aus einem ausgerissenen Bericht aus dem Stern und trug zur Visualisierung meiner Ziele sein mittlerweile zerknüddeltes Foto mit mir herum. Ich war ein Nobody, der kannte mich nicht, aber ich, ich kannte ihn. Hätte ich ihn nicht schlagen (oder sagen wir realistischerweise ärgern) wollen, hätte ich mir jetzt ein Autogramm geben lassen. Auf das knüddelige Foto. Ein Kanadier nahm ihn an die Hand und zog ihn zu mir, dem Nobody mit dem zerknüddelten Starschnitt in der Tasche. »This is Fränk Bu-se-mahn!«

sagte er zu Dan und der gab mir die Hand. Mir! Mr. Nobody aus Recklinghausen. Er habe von meinen Vorergebnissen gelesen und die Hürdenleistungen bestaunt. Jetzt wolle er mich mal in natura sehen. Mich! Er wünschte mir viel Glück, alles Gute, einen tollen Wettkampf und er versicherte mir, dass es hier großartig werden würde. Ich dachte nur, für mich schon, für dich nicht!

Die gute Bewertung der Situation, die Gewissheit, außergewöhnlich gut trainiert zu haben, und die absolute Vorfreude auf diesen Wettkampf kehrten den eigentlichen Stress in einen positiv und intrinsisch motivierten Eustress um. Ich konnte die Alarmsignale der Evolution zu meinem Vorteil nutzen. Dabei hätte ich alle Gründe gehabt, mich dem negativen Einfluss des Stresses hinzugeben und mein Scheitern schon vorher zu entschuldigen. Alles neu, alles groß, alles fremd. Da kann doch keiner Sport machen! Aber ich mochte die Situation, weil alles neu, alles groß und vieles fremd war. Ich drehte die Bewertung der Situation zu meinem Vorteil um. **Nur so wird man den Erfolg spüren können. Nur wo alles neu, groß und fremd ist, da ist nicht die Komfortzone, da hat man die rote Linie weit hinter sich gelassen und da, erst da, kann man besser sein, als man es von sich selbst kennt.** Und das ist schön!

Vier Jahre später wollte ich Olympiasieger werden. Ich hatte an mir gefeilt, so gut und so intensiv wie es nur irgend möglich gewesen war. Doch die Situation war purer Stress! Distress. Leistungstötend, hemmend, verrücktmachend. Ich hatte Angst, Fehler zu machen, ich hatte Angst, zu verlieren. Und ich verlor! Als ich dann siebtplatziert im Ziel lag und mich in meiner Enttäuschung suhlte, da dachte ich nur – und jetzt kommt ein unzensiertes Originalzitat: »So eine verdammte Kacke, für so eine Scheiße habe ich vier Jahre meines Lebens vergeudet! So eine Kacke!« Ich hätte gewinnen können, wenn ich nicht so viele Fehler gemacht hätte, aber meine mentale Verfassung war nicht gut genug. Hätte ich nicht so viele Fehler gemacht, dann wäre ich jetzt Olympiasieger, aber ich habe die Gunst der Stunde nicht nutzen können, weil mich die Situation nervös gemacht hat. Ich war total gestresst. Hätte, wenn und aber. Aber ich war ja nicht absichtlich schlecht. Ich habe für den Moment alles gegeben. Mehr ging nicht, in dieser Verfassung. Der Stress hat mich übermannt und mich von meinem wahren Leistungsvermögen ferngehalten.

Sport ist halt nicht nur Muckiszeigen. Nur wer Körper und Geist zusammenbringt und als Team nutzt, der gewinnt, die anderen verlieren. Eben das ist die große Kunst. Beides zusammenbringen, wenn beides verlangt wird. Theorie und Praxis bündeln. Alles zeigen, wenn es jeder sieht. Dann ist man groß und zwar unabhängig von absoluten Werten.

▶▶ **FAZIT**

Nur wer lernt, mit Stress umzugehen, ihn umzukehren und für sich zu nutzen, der wird seinen persönlichen Olympiasieg erringen. Stressresistenz lässt sich trainieren. Je öfter man sich in Stress auslösende Situationen begibt, sie als positiv bewertet und für die Regeneration Erholungsinseln setzt, umso stärker geht man aus solchen Herausforderungen hervor. Unser Gehirn wird für derartige Anforderungen des Alltags sensibilisiert und vertieft die Pfade des Erfolgs.

ZEHNKAMPF GEGEN STRESS

1. STRESSPUFFER ANLEGEN
Finden Sie Tätigkeiten, die Sie gern verrichten. Immer wenn Sie Stress erfahren haben, dann gönnen Sie sich eine Ihrer Lieblingstätigkeiten. Diese Erholungsinseln sollten Ihnen wichtig sein und nur im äußersten Notfall umschifft werden.

2. GRABENKÄMPFE MEIDEN
Lieber ein großes Donnerwetter als viele kleine Nadelstiche. Die zermürben und machen kontinuierlich unglücklich. Ein großer Schlag mit der Keule tut einmal richtig weh und nervt nicht so sehr wie tägliche Hiebe.

3. MENTALE EINSTELLUNG ANPASSEN
Gleichen Sie ab, was Sie wollen, was Sie können und was verlangt wird. Bewerten Sie dies entsprechend unaufgeregt. Große Anforderungen können große Chancen sein. Perfektion ist schön, aber meist nicht möglich (siehe 79/21-Regel).

4. KLARE ZIELE SETZEN
Je klarer Ihre Ziele strukturiert sind, desto SMARTer ist die Herangehensweise und Sie reiben sich nicht mit ungezielten, übereifrigen Aktionen auf.

5. SICH SELBST MUT ZUSPRECHEN
Feiern Sie Erfolge, loben Sie sich selbst und reflektieren Sie Misserfolg möglichst objektiv. Was kann das nächste Mal besser gemacht werden?

6. POSITIVE EINSTELLUNG
Meiden Sie Argwohn, Sarkasmus und Feindseligkeit. Es ändert im Nachhinein nichts am Ergebnis. Lieben Sie die Anspannung oder Belastung als Herausforderung und genießen Sie die Entspannung als Ausgleich.

7. HUMORVOLL SEIN
Gute Laune und eine gewisse Portion Selbstironie zeigen Größe, machen gesund und hellen die Stimmung auf.

8. STARKE PARTNER SUCHEN
So wie das Singledasein die Lebenserwartung verkürzt, stärken soziale Kontakte das Immunsystem. (Dabei ist es noch nicht einmal nötig, dass der Single mit seinem sozialen Kontakt in die Kiste springt.)

9. KÖRPER UND GEIST PFLEGEN
Achten Sie auf die Ausgewogenheit von An- und Entspannung, gute Ernährung und ausreichend Schlaf.

10. BEWERTUNG
Trennen Sie sich von Energieräubern und denken Sie daran: Erst die Bewertung einer Situation macht sie stressig.

EXKURS

ERNÄHRUNG UND BEWEGUNG – ZWEI ALLTÄGLICHE ERFOLGSFÖRDERER

1. ERNÄHRUNG

Ernährung – ein weites Feld, das von Wissenschaftlern aus aller Welt eifrig beackert wird. Andauernd schießen neue Theorien aus dem Forschungsboden, Studien be- und widerlegen einander und keiner weiß mehr, was man nun eigentlich essen kann, darf oder soll. Sagen wir mal so: Es gibt nicht die gesunde Ernährung und den gesunden Sport. Untersuchungen haben ergeben, dass es den Menschen in seinem Streben nach Glück fördert, wenn er sich psychisch und physisch in eine gute Verfassung bringt. Eine Integration der Bausteine Ernährung und Bewegung kann der Lebensqualität zuträglich sein. (Trotzdem wird das Joggen nicht jedem ein Grinsen ins Gesicht zaubern und der perfekte Cholesterinspiegel die Endorphine nicht tanzen lassen.)

Als Kind lernten wir, dass es die Milch macht (starke Knochen und tolle Zähne gibt es obendrein), dass Buttermilch zudem noch schön macht und dass Körnerbrot richtig viel Kraft und Energie gibt. Eigentlich ist es einfach, sich perfekt zu verhalten, wenn man immer nach der ersten Pressemeldung aufhört sich zu einem Thema schlau zu machen. Täte man das, dann würde wie in den 1960er-Jahren beim Sport nicht getrunken werden dürfen, weil schwitzen ungesund ist und der Body-Mass-Index wäre der einzige Parameter, um die Folgen der Fettleibigkeit zu dramatisieren. Es gibt aber auch Studien, die besagen, dass Kuhmilch nur für Kühe gut ist und wir sie gar nicht verarbeiten können. Sie rufe außerdem Allergien hervor. Auch ich habe mich schon von solchen Studien beeinflussen lassen. Da die Heilpraktikerin sagte, dass Ziegenmilch für den Menschen viel verträglicher sei, wollte ich meinen enormen Milchdurst ab sofort damit stillen. Ich rannte in den Supermarkt, packte zwölf Kartons in den Einkaufswagen, rechnete »12 mal 1,99 Euro« und stellte nach überschlägigem Erhalt des Ergebnisses vier Liter ins Regal zurück. Acht Liter Ziegenmilch multipliziert mit 1,99 Euro war mir immer noch zu viel und ich begnügte mich mit fünf Litern. Ich rollte zur Kasse, rechnete »5 mal 1,99 Euro«, und war gerade mal unter 10! Und da lagen nur fünf kleine hutzelige Tetrapacks im Wagen, die im Portemonnaie aber ein Loch für 20 Liter Kuhmilch rissen. Ich packte die Ziegenmilch komplett ins Regal und nahm vier Tüten Kuhmilch.

Die im Fachjournal »Nature Neuroscience« veröffentlichte Studie des kalifornischen Scripps Research Institute um Paul J. Kenny und Paul M. Johnson schildert eindrucksvoll, dass uns entweder das Hirn immer wieder Schnippchen schlägt, oder aber die Industrie, die um unsere Schwächen weiß. Stopfen wir uns wieder und wieder mit fettigen Sachen wie Wurst, Fritten oder Kuchen voll, reagiert das Hirn langfristig wie das eines Junkies. Bekommen wir keine Kalorienbomben mehr, reagieren wir mit Entzugserscheinungen. Und da kommen wir wieder zum Training. Dasselbe wie bei der Superkompensation kann auch in Sachen Junkfood passieren. Das Belohnungssystem erfährt hier unmittelbar einen Reiz und ist wirklich richtig zufrieden. Und dann will das Hirn immer mehr, um an das Glücksgefühl vom letzten fetten Streich heran reichen zu können. Das ist das Todesurteil für Salat und Gemüse. Fett ist Geschmacksträger und bevor wir uns mit fadknackigem Ökofraß abgeben, hungern wir lieber! Weil wir dann keine Energie mehr haben, verfallen wir in Regungslosigkeit und passen unser System an das dopaminausschüttende Fettfest an. Aber vielleicht liegt hier gar nicht der Ursprung allen Übels.

Ernährung ist letztlich wohl nur ein kleiner Teil des großen Erfolgs und niemand wird klüger oder schneller, wenn er nur genug Möhren isst. Aber so wie der Zehnkämpfer zehn kleine Haufen Mist zu einem ganz großen aufstapelt und somit zum Allrounder wird, ist es nicht verkehrt, sich aller nur erdenklichen Energielieferanten zu bedienen, die dazu auch noch einfach zu bekommen sind. Trotzdem sollten wir ein Gespür dafür entwickeln, dass ein Croissant mit aufgepappten Hirsekörnern nicht zwangsläufig gesund ist und ein Vollkornkeks auch Zucker und Fett enthält.

Dennoch können wir sehr bestimmt sagen, dass es Grundsätze der gesunden Ernährung gibt, die in groben Zügen bekannt sein sollten. Allerdings: **Es ist schön, etwas zu wissen, die eigentliche Kunst aber ist die praktische Umsetzung.** Ich habe während meiner aktiven Zeit mit einer Ernährungsberaterin zwei Wochen lang meine zugeführte Nahrung analysiert. Dazu habe ich alles, aber wirklich alles, vor dem Verzehr auf eine Waage gelegt. Nach der Auswertung fragte sie überrascht, ob ich bei diesen Mengen nicht zunehmen würde? Als ich verneinte, atmete sie erleichtert durch und sagte, dass ich dann alles bekäme, was mein Körper braucht. Ich hatte einen guten Grundumsatz und war ein guter Futterverwerter.

Trotz aller Unwägbarkeiten will ich konkreter werden. Es empfiehlt sich, die Nahrungsmenge gut einzuteilen. Das heißt, man sollte sich nicht überfressen und die Gesamtmenge über den Tag verteilen. Das hat unter anderem

EXKURS: ERNÄHRUNG UND BEWEGUNG – ZWEI ALLTÄGLICHE ERFOLGSFÖRDERER

den Vorteil, dass man nicht in die im Sport gefürchtete Unterzuckerung kommt, die auch im Alltag nicht leistungssteigernd ist. Dazu sollten Nahrungsmittel wie Obst und Gemüse frisch sein, dann müssen Sie auch nicht auf Vitaminpräparate aus der Büchse zurückgreifen. In künstlich hergestellten Vitaminen fehlen zum Beispiel die **sekundären Pflanzenstoffe**, die in Verdacht stehen, besonders gesund zu sein. **Vollwertige Kohlenhydrate** haben eine besondere Wichtigkeit im Ernährungsplan, da sie länger Energie abgeben als **kurzkettige Zucker**, die zwar schnell Energie bereitstellen, sie aber genauso schnell wieder verlieren. An der Gesamtkalorienzufuhr sollten Kohlenhydrate knapp 60 Prozent ausmachen.

Selbst das so verteufelte Fett muss nach Meinung der Deutschen Gesellschaft für Ernährung etwa 30 Prozent der Kalorienmenge ausmachen. Aber es gibt die unterschiedlichsten Arten von Fetten. Dem Olivenöl zum Beispiel werden wegen seines hohen Anteils an ungesättigten Fettsäuren halbe Wunder (gut für das Herz) zugeschrieben und es landet nicht so schnell als Rettungsring auf den Hüften wie Wurst oder Süßigkeiten. **Omega-6-Fettsäuren** unterstützen ein gesundes Herz und finden sich in Soja-, Distel oder Weizenkeimölen. **Omega-3-Fettsäuren** unterstützen den Körper bei der Vermeidung von Herz-Kreislauf-Erkrankungen und sie können nicht vom Körper selbst gebildet werden, sind aber in diversen Pflanzenölen, wie Walnussöl oder Rapsöl, enthalten. Zudem enthalten fette Meeresfische Omega-3-Fettsäuren.

Gleichzeitig liefern sie uns **Eiweiß**, das der Körper benötigt, um Zellen zu reparieren und neu aufzubauen und Nerven, Muskeln oder Sehnen in Schuss zu halten. Leider kann man diesbezüglich nicht sagen, dass viel auch viel hilft, da zu viele Proteine erst einmal über die Nieren entsorgt werden müssen und von der Kalorienmenge 15 Prozent der Gesamtaufnahme nicht überschreiten sollten. Bei der Eiweißentsorgung entsteht zwangsläufig Säure, die über die Harnwege ausgeschieden wird, aber Harnsäure kann nur zu einem begrenzten Maß diese Abfallprodukte aufnehmen. Deshalb reichen in etwa 1 bis 1,5 Gramm Eiweiß pro Kilogramm Lebendgewicht. Die Eiweißmenge, die der Organismus nicht verwerten kann, sollte mithilfe von reichlich Flüssigkeitszufuhr aus geschieden werden.

Mit dem regelmäßigen Trinken von eineinhalb bis zwei Litern Wasser täglich unterstützen Sie die Nieren bei der Verrichtung ihrer Arbeit. Außerdem tun Sie Ihrer Gesundheit Gutes, indem sie Ihren Stoffwechsel aufrechterhalten, das Blut frisch halten und so den Organismus mit lebenswichtigen **Elektrolyten** versorgen. Wem das Trinken schwer fällt, der kann sich eine große Flasche Wasser mit zur Arbeit nehmen und kontrollieren, ob die zum Feierabend geleert ist.

Alle Arten von Gemüse unterstützen nicht nur das Sättigungsgefühl und die Verdauung, sie sind Lieferanten wertvoller Vitamine und **Spurenelemente**. Milchprodukte fördern als Kalziumlieferant die Stärkung von Knochen und Zähnen. Vitamin C wird als Wunderwaffe gegen Erkältungen gehandelt, ist nach neuesten Erkenntnissen allerdings ein wenig überschätzt (bei mir hilft es trotzdem – »Placeboeffekt« nennt man das wohl), unterstützt den Körper allerdings dabei, Kalzium aufzunehmen. Vitamin C ist in natürlicher Form in Paprika, Zitrusfrüchten oder Sanddorn enthalten. Wenn Sie ein Baby haben, können Sie den Vitamin-C-Gehalt der Nahrung an der Röte des Hinterns ablesen. Die **Vitamine A, C, E** helfen bei Stress und wirken gegen äußere Störeinflüsse, die den Stoffwechsel belasten. Mit einer ausgewogenen Obstzufuhr decken Sie diesen Bereich ab.

Schädliche Stoffwechselprodukte lassen sich mit **Zink** bekämpfen, das in Fleisch, Eiern, Käse oder Milch enthalten ist. Es unterstützt auch die ständige Zellerneuerung und verschönert Haut und Haare, verbessert die Heilung von Wunden. Wenn Sie zudem Ihre Fruchtbarkeit steigern wollen, dann konsumieren Sie außer Zink auch die schon erwähnten Vitamine A, C und E und **Folsäure**, die in Getreideprodukten und Salat enthalten ist (Folsäure beugt auch Herz-Kreislauf-Erkrankungen vor). Zusätzlich zu einigen **Mikronährstoffen** (zum Beispiel L-Carnitin, Coenzym Q10) machen die **Spurenelemente** Kupfer und Selen den Cocktail perfekt. Doch Obacht, wenn Sie eine Lebensversicherung haben, geben Sie darauf acht, dass der Begünstigte es nicht zu gut mit Ihnen meint. Das Mineral Selen ist zum Beispiel in winzigen Mengen in Hülsenfrüchten und Getreide oder Spargel enthalten. Wenn Sie plötzlich Unmengen kredenzt bekommen, überdenken Sie Ihre Beziehung. In hohen Dosen ist Selen nämlich giftig.

Magnesium wiederum hält die Muskulatur geschmeidig und unterstützt sogar die Stressresistenz, da es die Ausschüttung des Hormons Adrenalin hemmt. Nicht ohne Grund sind total relaxte und muskelentspannte Zeitgenossen nicht in der Lage, Leistung zu bringen. Einen gewissen Muskeltonus benötigen wir, um hellwach zu sein.

▶▶ FAZIT

Auch bei der Ernährung gilt das alte Mehrkampfmotto: Von allem ein bisschen, aber nichts richtig! So gesund ein Lebensmittel auch ist, bei monotoner Zuführung treten an anderer Stelle Mangelerscheinungen auf. Deshalb ist eine ausgewogene »Allroundernährung« wichtig, um sich mit allem Lebenswichtigen zu versorgen und eine gute Basisernährung verzeiht so manche Sünde. Ich möchte das Thema hier nicht überstrapazieren, aber essen Sie bewusst und genießen Sie dabei. Sie wissen, was Ihnen guttut!

2. BEWEGUNG

Bewegung ist ein integraler Bestandteil energiebetonten Handelns und gesunden Alterns. Ob zuerst die Lust auf Fett und dann die Unlust auf Bewegung auftritt oder die durch Bewegungslosigkeit gewonnene Zeit mit Essen überbrückt werden muss, spielt keine Rolle. Beide Faktoren können (mit-)verantwortlich sein, wenn wir nicht in der Lage sind, unser Potenzial voll auszuschöpfen.

An diesem Punkt setzt die Bewegung an. Keiner braucht sie wirklich, um für den Moment zu leben, und ich kann durchaus jeden Sportlegastheniker verstehen, der die Bewegung hasst. Wer aber für sich die Entscheidung trifft, mehr Sport in seinen Alltag einzubauen, der muss sich im Klaren darüber sein, für wen oder was er das tut. Nur wenn er es ausschließlich für sich ganz allein macht, kann er langfristig Erfolg haben. Laufen und der ganze andere Kokolores ist am Anfang nicht schön. Für niemanden. Da kann ich jeden beruhigen. Der Körper benötigt eine gewisse Zeit der Anpassung, damit er die Schutzmechanismen aufbauen kann, die ihn vor erneutem Muskelkater bewahren. Aber Bewegung fängt viel eher an. Zum Beispiel im Kaufhaus oder im Büro – es gibt einen Fahrstuhl, aber es gibt auch Relikte aus uralten Zeiten. Rechteckig, praktisch, gut und in ungeübtem Zustand schweißtreibend. (»Treppe« nennt man das Wunderwerk.) Allzu oft denken wir allerdings gar nicht mehr über unser Tun nach. Es hat sich automatisiert und eingebürgert, dass man Hilfsmittel aller Art nutzt, dazu sind sie schließlich da. **Sich selbst und sein Handeln gelegentlich infrage zu stellen zeugt nicht von Zweifeln, sondern von einer gesunden Auseinandersetzung mit sich und seiner Umwelt!**

Studien haben gezeigt, dass Bewegung der beste Schutz vor alltäglichen Krankheiten ist, da sie die Insulinnutzung fördert (gegen Diabetes Typ 2), Adipositas verhindert und zum Beispiel Bluthochdruck reguliert. Bewegung verbessert die Durchblutung, hemmt die Arterienverkalkung, fördert den Muskelzuwachs und die Belastbarkeit im Allgemeinen steigt automatisch, da das Immunsystem gestärkt wird. Und dabei müssen wir noch nicht mal zum Leistungssportler werden. Selbst das alltägliche Gehen schützt vor einer Demenzerkrankung. **Sport (sogar schon Gehen) fördert nicht nur Muskulatur und Organismus, sondern auch die Denkzentrale!**

Eine der ganz großen Schweinehunddisziplinen ist, sich zum Sport aufzuraffen. Jeder will, aber nur die wenigsten schaffen es wirklich. Mit zunehmendem Alter stellen sich außerdem verstärkt die Fragen »wo?« und »wie?«. Wer sich Ziele stecken muss, um bestimmte Verhaltensmuster zu ändern, der kann sich zum Beispiel einen Schrittzähler an den Gürtel stecken und jeden Abend kontrollieren, wie viel Bewegung er wirklich geschafft hat. Der heutige Durchschnittsbürger schafft keine tausend Meter mehr! Der Mensch ist zur Bewegung geboren und die Zivilisation hat das immer mehr verkümmern lassen. Wer gut zu Fuß ist und noch mehr will, der kann sich mit Freunden zum Sport verabreden, oder aber auch einen Volkslauf oder eine anspruchsvolle (Berg-)Wanderung ins Auge fassen. Setzen Sie dazu »Bewegungsinseln«, die Ihnen heilig sind. Auch das sind Rituale, die, wenn sie erst einmal ihren wichtigen Platz innehaben, unumstößlich werden können. An bestimmten Tagen können Sie Dates mit sich selbst vereinbaren. Die egoistische Stunde. In der Sie sich etwas Gutes tun, das mit Bewegung zu tun hat. Wer gerade anfängt, kann das Date mit »Kampf gegen den Schweinehund« betiteln. Bewegung ist anfangs grausam – auch für mich – aber wenn die Superkompensation unseren Körper stählt und die Lunge nur noch aus Lust pfeift, dann kann man sich beim Sport sogar erholen.

EXKURS: ERNÄHRUNG UND BEWEGUNG – ZWEI ALLTÄGLICHE ERFOLGSFÖRDERER

▶▶ FAZIT

Nur wer sich auf seinen Körper und dessen Leistungsfähigkeit verlassen kann, der weiß auch, dass er im Job an seine Grenzen gehen kann (und wo seine Grenzen überhaupt sind), ohne sich dafür aufgeben oder gefährden zu müssen.

3. BODY-MASS-INDEX

Und jetzt kommt der BMI. Hört sich an wie eine Flugzeuglinie, ein Musiklabel oder eine Regierungseinheit, ist in Wahrheit aber das Sinnbild für »kerngesund« oder »schon halbtot«. Jahrelang galt diese Kennziffer als Indikator für sich anbahnende Krankheiten. Nehmen Sie Ihr Körpergewicht und teilen Sie es durch das Quadrat Ihrer Körpergröße. Ab dem Quotienten 25 befindet man sich in der Vorstufe zur Adipositas. Bei meinem Gewicht von 87 Kilogramm und meiner Körpergröße von 1,92 Meter erhalten sie mit $87/1{,}92^2$ ein Ergebnis von 23,6. Schwein gehabt. Noch 1,4 Punkte weg von Panik, aber Omas wollen mir immer ein Zuckerchen zustecken, weil ich so verhungert aussehe. Ich habe schwere Knochen! Echt wahr.

Neuen Erkenntnissen zufolge gibt allein das Verhältnis von Gewicht und Größe noch keinen Aufschluss darüber, in wie großer Gefahr hinsichtlich unbestimmter Erkrankungsrisiken wir stehen. Wäre diese Kennziffer ausschlaggebend, läge jeder Bodybuilder schon mit einem Fuß in der Kiste – okay, tun sie, aber aus anderen Gründen. Nein, der Bodybuilder hat schwere Muskeln, die sind bekanntlich massiger als Fett und demzufolge hätten sie ein höheres Risiko, an Diabetes oder Bluthochdruck zu erkranken. Also ist es gesünder, viel Fett zu essen, damit die schweren Muckis weggehen und der BMI runter? Nein. Sie sollten lieber erst einmal Ihren Taillenumfang messen. Neueste Studien haben einen signifikanten Zusammenhang zwischen dem Bauchumfang und diversen Krankheitswahrscheinlichkeiten ergeben. Das wirklich schädliche Fett lagert sich nämlich im Bauchraum an.

▶▶ FAZIT

Sehen Sie den BMI als Referenzgröße, die es zu beachten gilt, aber »krank« und »gesund« kann man nicht einfach aus einer solchen Zahl ablesen — genauso wenig wie am Taillenumfang. Es geht bei der Beschäftigung mit diesen Zahlen immer um Wahrscheinlichkeiten und die Verbesserung des eigenen guten Gefühls. Daher gibt es auch weder Allheilmittel noch ein Todesstoßkriterium, es gibt immer nur Verhaltensmaßnahmen, die die Wahrscheinlichkeiten verbessern.

4. ZUSAMMENFASSUNG

Essen und Bewegung sind nicht alles, aber wir können uns mit diesen Faktoren unserer Leistungsfähigkeit berauben, ohne dass wir es unmittelbar spüren. Entweder verharren wir aufgrund von Angst vor Fehlern in Schockstarre, bewegen uns gar nicht mehr, lassen alles beim Alten oder wir verfallen in ungewohnte Muster, die nicht mit unseren Vorstellungen vereinbar sind. Jede Änderung, die wir vollziehen wollen, muss erst einmal aus tiefstem Herzen erkannt werden. »Ich esse in Zukunft gesünder, damit ich ein besseres Leben führen kann.« oder »Ich bewege mich in Zukunft mehr, damit ich gesund bleibe und vollen Einsatz zeigen kann«, sind nur zwei kleine beispielhafte Aspekte, wieso es sich lohnen kann, etwas in Bezug auf Ernährung und Bewegung zu verändern. Alle Diäten oder Marathonträume zerplatzen mit einer anfänglichen Überlastung. Entweder wird der Heißhunger zu groß oder der Körper streikt. Wer für sich erkannt hat, dass es sinnvoll ist, etwas zu tun, der hat gute Gründe. Denn er ist sich selbst am wichtigsten. Nur wer diese Gedanken hat, der wird auch widerstehen können, wenn es mal schwer wird. Der wird durch tiefe Täler und dichte Wälder gehen, der wird aus bequemen, kuscheligen Sesseln aufstehen, um mit breiter Brust das zu zeigen, was ihm wichtig ist.

Auch hier lassen sich Teilziele vereinbaren, die unter Umständen besagen, dass aus den sieben wöchentlichen Pommesbudenbesuchen erst einmal sechs werden. Das ist eine Verbesserung der Ausgangslage um immerhin 14 Prozent. Wer mit dem Laufen beginnen will, der beginnt mit dem Gehen und streut dann immer wieder kurze Laufsequenzen ein. All diejenigen die dann über den Sporttreibenden lachen, weil er sich ja nicht wirklich belastet, sind dumm, töricht und werden sich niemals dazu aufraffen, etwas zu tun, weil sie Angst vor ihren eigenen Fehlern haben. Wenn Teilziele schon nach kurzer Zeit nicht mehr erreicht werden, waren sie zu ambitioniert und müssen nach unten angepasst werden. Teilziele, die anfangs nicht anstrengen, sind für das Gesamtziel wichtig, da man daran wächst und Erfolgserlebnisse für einen guten nachhaltigen Start benötigt. Mit den Erfolgserlebnissen durch Erreichen diese Teilziele zeigen wir uns selbst, dass wir es können. Dabei muss der Genuss nicht auf der Strecke bleiben und der Jo-Jo-Effekt wird nicht auftreten.

Machen Sie das, was Sie machen, ganz bewusst und mit Leidenschaft. Konzentrieren Sie sich auf den Geschmack eines frischen Salats oder die Umgebung bei einer schweißtreibenden Herausforderung. Fühlen Sie sich bärenstark und bewundern Sie sich für das, was Sie an sich ändern.

Ernährung und Bewegung sind in der Umsetzung nicht kalorienbasierter und unsportlicher Vorhaben nicht zwangsläufig Erfolgsgaranten, aber wir erwerben durch diese losgelösten Zielsetzungen Fähigkeiten, die wir auf andere Bereiche übertragen können, und schaffen es so, Körper und Geist belastbarer zu machen.

EINSTELLUNGSSACHE ODER DER MENTALE VORSPRUNG

1. AUTHENTIZITÄT

Kommen wir nun zu einem Punkt, der darüber entscheidet, ob wir an Großes denken und es angehen und umsetzen, oder nur an Großes glauben und hoffen, dass es vielleicht passiert, und lassen wir dabei nicht unberücksichtigt, dass nicht jeder immer gewinnen kann. Sicher haben Sie es auch schon selbst erlebt, dass nur der Erfolg hat, der es gelernt hat, nach Krisen wieder aufzustehen. Und damit kommen wir nun zu den gern geforderten soft skills, die man nicht messen kann, die aber für die Einstellung unglaublich wichtig sind. Jede Erfolgsgeschichte hat als Vorläufer Situationen des Scheiterns. Niemand gewinnt, nur weil ihn die Muse geküsst hat und er nicht kämpft. Wer Erfolg hat, der kennt den Misserfolg.

Aber so gern wir Niederlagen verschweigen, so schwer tun wir uns teilweise auch damit, den Erfolg zu zeigen. Es liegt uns fern, mit Fähigkeiten und Glanztaten aufzutrumpfen. Wir lieben das Understatement und wischen Lob einfach weg, weil es uns unangenehm zum Aufschneider macht. Wir wähnen uns in einer Neiddebatte und stehen nicht zu dem, was wir sind. Immer, wenn wir uns was gönnen, könnte der Nachbar ja komisch über uns denken. Wenn wir befördert werden, zucken wir mit den Schultern und tun so, als habe uns der Chef beim Bingo aus der Lostrommel gezogen. Wir wollen ja keine Missgunst heraufbeschwören, nur weil es bei uns mal besser läuft als bei anderen.

Solches Understatement haben aber meist nur Menschen, die es draufhaben! Die müssen nicht laut schreien, damit man sie hört. Die werden durch Leistung erhört. Bei den anderen wird halt nachgeholfen. Hey, Deutschland ist das Land der Bonzenautos! Jeder kann und soll sehen, was für eine Karre wir auf dem Hof stehen haben. Reicht die Kohle nur für eine kleine Motorisierung, hilft uns die Industrie mit dem Weglassen der Typenbezeichnung auf der Heckklappe. Und zwar kostenlos! Es ist geil, einer zu sein, der man nicht ist. Von dem andere denken, dass er in der Hierarchie ganz oben steht. Ob Authentizität das ganze Konstrukt zusammenhält, ist denen erst mal gleichgültig.

Ob reich, ob arm, ob klug, ob dumm, ob bollerig oder einfühlsam, egal wie das Handeln gelagert ist, es kann in jeder Ausprägung authentisch sein – oder auch nicht. Und da kommen wir zu einem Punkt, der die Nachhaltigkeit unterstützt. Wenn der Sportler schneller läuft, als er es trainiert oder vorbereitet hat, fliegen ihm seine Muskeln um die Ohren; wenn er absichtlich langsamer läuft, hat er einen Plan oder wird unzufrieden. Wenn der Häuslebauer mehr finanziert hat, als er sich leisten kann, erdrücken ihn irgendwann die Raten und wenn der Arbeitnehmer einen größeren Job macht, als er wirklich kann, dann wünscht er sich schnell zum alten zurück. Aber jeder wächst natürlich auch mit seinen Aufgaben. Daher entscheiden sich manche Personalchefs für einen scheinbaren Volldeppen mit einem »nur« ausreichenden Abschluss, der aber mehr Charisma und Authentizität verströmt als ein Gehirnakrobat, der besser mit Zahlen jonglieren kann als mit Menschen. Natürlich ist auch das eine gewisse Art der Authentizität, aber wenn Menschenkenntnis für den Job verlangt wird und er nur mit Zahlenkenntnis glänzen kann, muss er, um zu punkten, Menschenkenntnis vorgaukeln. Auch ein Vertreter, der geschwollen wirres Zeug redet und mit seiner erlernten Theorie aus irgendwelchen Seminaren glänzen will, dem wird keiner Glauben schenken, weil er nicht er ist, sondern jemand, der er zu sein glaubt und sein möchte. Da sich hier irgendetwas nicht im Gleichgewicht befindet, wird er auf kurz oder lang unglücklich werden oder aber eine 180-Grad-Wende vollziehen müssen. Bei allem Erlernten ist erst einmal Unsicherheit in der täglichen Umsetzung vorhanden und bis sich Fähigkeiten gesetzt haben und wie geschliffen glänzen, muss man sie auch schleifen.

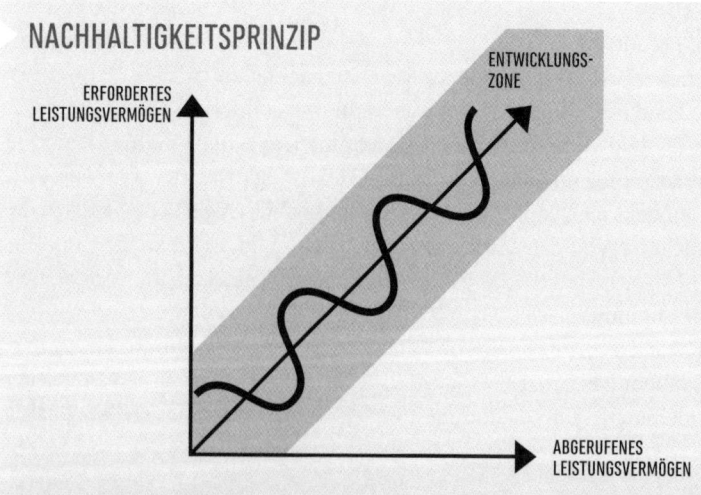

Nachhaltig ist nur das, was sich nah am Mittelstrahl befindet. Auf der einen Achse haben wir das wahre Leistungsvermögen und auf der anderen Achse das erforderte Leistungsvermögen. Erst wenn sich beides innerhalb der Entwicklungszone nach oben ausbildet, kann wirkliche Leistung nachhaltig entstehen. Wer sich oberhalb des Mittelstrahls bewegt, wird aufgrund einer permanenten Überforderung krank oder plustert sich ganz schön auf und muss vielleicht sogar als Blender bezeichnet werden. Das wird einem irgendwann das Leben schwer machen, da man knifflige Situationen aufgrund des fehlenden Backgrounds nicht meistern kann. Bleibt man unterhalb des Mittelstrahls, bewegt man sich permanent im Bereich der Unterforderung. Das wird einen langfristig nicht zufriedenstellen, da man weiß, dass man mehr könnte und als etwas anderes angesehen wird, als man ist.

Der 400-Meter-Läufer wird nicht wie ein Sprinter starten und der Kugelstoßer wird nach einer Diät keinen Wettkampf bestreiten. Anspruch und Wirklichkeit sollten für Nachhaltigkeit in Einklang sein. So wie Sie es Ihrem Chef übel nehmen, wenn er nicht all seine Fähigkeiten zur Rettung des Unternehmens einsetzt, so sehr quält Sie Ihr Kollege, der nur heiße Luft produziert und Sie mit seiner eloquenten Selbstüberschätzung in Sippenhaft nimmt und schlechter aussehen lässt, als Sie es verdient haben.

▶▶ FAZIT

Um der Authentizität Genüge zu tun, gibt es das Training, in dem man sich probiert, formt und für den Ernstfall probt, aber nur im Wettkampf zählt der Vergleich mit anderen. Dann, wenn andere zugucken und man wirkliches und gefühltes Können miteinander verbindet. Aber ich sagte auch: Nimm dich und dein Potenzial wichtig. Wunsch und Wirklichkeit müssen dicht beieinanderliegen. Wer seine persönlich beste Leistung zeigt, der kann zufrieden sein, auch wenn er damit nicht gewinnt. Und jetzt zur Vernetzung von Anspruch und Wirklichkeit: Die Authentizität ermöglicht, das zu verbinden. Wer sich selbst im Wettkampf das Beste abverlangt, sein Optimum zeigt, und stolz auf seine Leistung ist, der ist authentisch und besser als zweitplatzierte Siegertypen, die sich hängen lassen.

2. PENDEL DES LEBENS

Wenden wir uns nach all den martialischen Vergleichen, den Lobpreisungen der mentalen Stärke und der Simplizität der Theorie doch auch mal dem zu, was nicht auf Anhieb funktioniert. Bisher war immer nur von Problemen die Rede, die mit verschiedensten Praktiken einfach zum Guten gewendet werden können. Aber wie fühlt es sich an, wenn man mitten in der Krise steckt, wenn man gerade voll eins auf die Fresse bekommen hat? Hundsmiserabel! Keiner wird im Moment seiner größten Niederlage sagen, dass er diesen Tiefschlag unglaublich toll findet. Wir sind uns nicht scheißegal und deshalb ist das, was wir tun, auch nicht egal. Wir treten an, um erhobenen Hauptes aus dem Wettkampf gehen zu können und es wird uns nicht im Traum einfallen, in einer miesen Stimmung zu sagen: »Das nutze ich für die Zukunft!« Erst einmal gibt man sich seinen Gefühlen hin, bedauert sich und trauert sich die Seele aus dem Leib, um schließlich wieder aufzublicken und erst dann seine Schlüsse daraus zu ziehen.

Wer hat bisher keinen Rückschlag erlebt? Jeder weiß, wie sich Kummer anfühlt. Egal, woher wir kommen, ob von ganz unten oder ganz oben, egal, von wo aus wir uns auf unsere Lebensreise begeben, wir alle starten von einem bestimmten, individuellen Ausgangsniveau, das sich im Lauf der Zeit verschiebt. Bei dem einen gen Süden, bei einem anderen planlos zur Seite, bei einem Dritten ekstatisch zur Seite, bei einem Vierten nach Norden. Und wenn man schon in Flensburg wohnt, liegt das Glück vielleicht in Dänemark. Aber bei allen wird es Wellen geben, die das Leben spannend machen.

Betrachten wir dazu das Pendel des Lebens. Stellen Sie sich einen 400-Meter-Läufer vor. Wer von Ihnen schon einmal 400 Meter gelaufen ist, der weiß, dass es für dieses Gefühl nur einen Ausdruck gibt: uahhhawouauffboachpuh. Kurz gesagt: schrecklich. Wer macht so etwas freiwillig? Der Läufer steht am Start und weiß, dass er in etwa 50 Sekunden total ausgepumpt auf der Bahn liegt und aus dem letzten Loch pfeift. Die Beine schmerzen, die Lunge brennt, die Sicht verschwimmt. Wäre er nicht gelaufen, würde er sich physisch um Längen besser fühlen. Aber psychisch wüsste er, dass er gekniffen hat. Deshalb ist er gelaufen.

EINSTELLUNGSSACHE ODER DER MENTALE VORSPRUNG

Und da kommt das Pendel ins Spiel. Gemäß der physikalischen Gesetze schwingt es bei der Einwirkung einer Kraft von links nach rechts. Auf der einen Seite vereint es alle »negativen« Elemente einer Sache und auf der anderen Seite alle »positiven«. Das Pendel bekommt von uns Leben eingehaucht und schwingt von links nach rechts, von gut zu schlecht, von positiv zu negativ.

PENDEL DES LEBENS

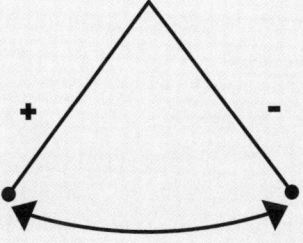

So steht der Läufer hinter dem Startblock und die Grausamkeit des bevorstehenden Unterfangens hämmert ihm Übelkeit ins Unterbewusstsein. Er ist diese Strecke schon Hunderte Male gelaufen und weiß daher nur zu gut, dass er in 50 Sekunden ein Häufchen Elend sein wird. Aber er hat es sich selbst ausgesucht! Er will ja laufen, er hätte auch Dressurreiter werden können, da wird der Muskel nicht sauer. Er freut sich also. Sein Pendel entfernt sich mit Schwung von der negativen Seite, blendet die 21 miesen Prozent aus und konzentriert sich darauf, dass er wirklich gut vorbereitet ist. Kaum läuft er in der Phase des Hochs los, wird er von seinem Nebenmann überholt. Da hat er schon keine Lust mehr. Nach 30 Metern hat der Typ neben ihm schon 10 Meter aufgeholt! Er rechnet hoch und ahnt, dass er demzufolge etwa 2 Minuten nach dem geölten Blitz ankommt. Er nimmt sein Schicksal in die Hand und weiß, dass er der Cleverere ist und sein Rennen viel besser einteilt. Er kommt dann richtig gut ins Laufen, mit raumgreifenden Schritten bringt er die Strecke hinter sich, spürt, wie er über die Bahn fegt, liebt seinen Sport, nichts tut weh, er gleitet, er schwebt, es ist so positiv und toll und gut, ja so ist das Leben, bis ihm die Milchsäure einen ersten Schlag versetzt. Sein Pendel schwingt von total euphorisch (was kümmern mich meine hirnlosen Gegner, ich bin da, wo ich bin!) auf panisch. Die Milchsäure! Jetzt, nach 180 Metern! Er teilt blitzschnell durch vierhundert und erhält ein Ergebnis kleiner 0,5. Er hat noch nicht einmal die Hälfte und schon kommt die Milchsäure. Diese verdammte Milchsäure! Wie soll er es bis ins Ziel schaffen?

Die Milchsäure wurde vor einigen zigtausend Jahren von Herrn Evo Lution erfunden und sollte den Menschen vor dem Tod durch Erschöpfung schützen. Wir können uns also nicht totlaufen. Bevor wir uns nämlich dermaßen auspowern, hat der Organismus seine Energieversorgung so umgestellt, dass sich die Abfallprodukte nicht mehr wegatmen lassen und sich in der Muskulatur absetzen. Die Muskeln übersäuern zusehends, die Bewegungen werden immer langsamer, bis sich der Mensch nicht mehr rühren kann und der Organismus so langsam Energie verbraucht, dass die Rückgewinnung über den Sauerstoff in Verbindung mit Zuckern und Fetten größer ist als der Verbrauch. Nach ein paar Stunden ist er wieder fit.

Die Kunst liegt also in der ausgeglichenen Gestaltung der Belastung, die nach dem negativen Pendelausschlag kurz vor der Hälfte wiederum eine positive Wendung erfährt, da man den Beginn der zweiten Hälfte kaum wahrnimmt. Ratzfatz sieht der Läufer auch schon das Ziel. Ob es nun daran liegt, dass er sich im Delirium befindet oder aber die Situation so bewertet, dass er keinen Stress mehr empfindet, ist typabhängig. Er sieht das Ziel, kommt ihm aber nicht näher! Er ackert, strampelt, macht und tut, nur die Beine wandern immer weiter nach außen, der Kopf fällt in den Nacken und in den Armen entsteht ein Kribbeln, als seien einem diese eingeschlafen. Das ist nicht schön! Doch dann, nach langem Kampf, erreicht man das Ziel und die Erleichterung überwiegt. Es ist ein positiv schönes Gefühl, endlich da zu sein. 50 Sekunden purer Kampf, ein Wechselbad der Gefühle, ein Auf und Ab, ein Hoffen und Bangen. Nicht mal eine Minute als Sinnbild für das Leben. Eigentlich ist das viel zu einfach.

Eben dieses Bild habe ich mit einem Zehnkampfkollegen besprochen. Wie er sich in den verschiedenen Abschnitten fühlte. Von plus fünf bis minus fünf. Er war immer neutral. Am Start, zu Beginn, bei der ersten Säure, in der Kurve, auf der Zielgerade, im Ziel. Immer neutral! Der Mann hatte Nerven – dachte ich! Aber – dieser Mann hatte einfach keinen Mumm in den Knochen, keine Hummeln im Hintern, keine Lust auf Leistung. Der hatte nur

Angst! Er baute direkt im neutralen unteren Punkt des Pendels einen Stopper ein. Bloß nicht auf die negative Seite kommen. Er machte keine Fehler. Er bereitete sich aber auch keine Freude. Er holte nie das aus sich heraus, was er wirklich hätte leisten können. Natürlich muss keiner ins offene Messer rennen. Wenn die Muskulatur verhärtet ist, sollte man nicht sprinten. Es geht darum, kalkulierbare Risiken einzugehen. **Nur wer sich traut, den Misserfolg einzukalkulieren, wird das Beste aus sich herausholen.**

3. SIEGER ZWEIFELN NIE

Es kann keine Perfektion geben! Gewinnertypen feilen an den gut laufenden 79 Prozent einer Sache so lange, bis sie dem Gegner den Eindruck von 100 Prozent vermitteln. Talent, gute Gene und ein bisschen Glück sind von Vorteil, wenn man sich einer Sache hingibt. Aber wie bereits erwähnt – selbst das Glück lässt sich so weit wegtrainieren, dass man sich auf den Abruf seiner Leistung zum Moment des Wettkampfs (welcher Art auch immer) verlassen kann und auf Glück nicht mehr angewiesen ist. Ein guter Athlet geht nicht in den Wettkampf, eiert um den heißen Brei und lässt verkünden: »Wenn mir das Wetter und die Form heute wohl gesonnen sind, dann möchte ich den Wettkampf gewinnen!« Der wahre Athlet, der will gewinnen und so kommt er auf den Platz. »Yes, I can!«, sagt der Ami und lässt Taten sprechen; andere bedienen sich etwas smarterer Rhetorik, vereinen aber ebenfalls diesen unglaublichen Willen, der sich schlicht und ergreifend mit »Ja, ich will!« zusammenfassen lässt. Auch die Ehe kann manchmal ein wahrer Kampf sein, aber im Sport hören sich diese drei Worte viel martialischer an. »Ich will meinen Sport in guten wie in schlechten Zeiten ehren und ihn achten«, klingt nach der Liebe, die er braucht. Und diese schlechten Zeiten können (im Nachhinein betrachtet) genauso viel bringen, wie die guten Zeiten – wenn man sich fragt, weshalb der Misserfolg eingetreten ist.

Natürlich darf man keine Ängste entwickeln und nach einem Misserfolg grundlegend an sich selbst zweifeln, aber genau das zeichnet den wahren Gewinner aus: Sieger zweifeln nie! Sie zweifeln nie, weil sie ihre Fähigkeiten kennen, weil sie sich auf die Sache konzentrieren und sich an ihr erfreuen, weil sie aktiv ins Geschehen eingreifen und nicht einfach nur auf einer Welle mitschwimmen. Sie entwickeln einen ungeheuren Spaß an dem, was funktioniert, und sind in der Lage, sich beizeiten neu zu erfinden, da sie sich nicht als oberste Instanz der Perfektion sehen, sondern es lieben, sich ihr zu nähern. Trotzdem besitzen sie die Gabe, sich zu reflektieren und Verantwortung zu übernehmen und sich nicht einer leistungshemmenden Arroganz hinzugeben.

Studien der Uni Bonn haben ergeben, dass Menschen, die gern Risiken eingehen, mit ihrem Leben zufriedener sind. Die Risikobereitschaft an sich ist bei Männern ausgeprägter als bei Frauen (na, wer baut die meisten Unfälle? Gemeint sind nicht die Bagatellschäden beim Einparken) und mit zunehmendem Alter nimmt die Risikobereitschaft ab. Beamte und Angestellte im öffentlichen Dienst sind risikoscheuer als Arbeitnehmer in der freien Wirtschaft und gebildete Eltern haben risikobereiteren Nachwuchs. Es ist also eine Gabe, die mit dem Intellekt zu tun hat, dass man Risiken abwägen kann. Jeder Wissenschaftler geht bei seiner Forschung das Risiko ein, zu scheitern. Jeder Sportler geht beim Versuch den optimalen Weitsprung zu erwischen, das Risiko ein, zu übertreten. Jeder Produzent geht beim Schaffen eines Films oder Lieds das Risiko ein, einen Flop zu landen. Es ist nur das Risiko, nicht die Gewissheit und auch nicht das Wissen. Menschen, die Außergewöhnliches leisten, kennen das Risiko. Eben genau diese »Gefahr«, die sich außerhalb der Komfortzone, hinter der roten Linie verbirgt. Wäre da eine Klippe, würden nur Dösköppe springen und probieren, ob sie der erste Überlebende aus 100 Metern wären. Ist da aber eine Chance, dann wird sie nur mit dieser Risikobereitschaft erkannt. Auch von dem Schauspieler Matthias Schweighöfer sagt man übrigens, er habe eine besondere Lebensphilosophie: so viel Mut wie möglich. Wer viel riskiert, blickt nie traurig zurück.

▶ AUFGABE

Notieren Sie bitte zehn Disziplinen, in denen Sie glänzen. Nennen Sie alle dafür relevanten Fähigkeiten, Charaktereigenschaften und Besonderheiten. Beenden Sie die Auflistung frühestens mit der zehnten Stärke.

4. ZWEIFLER SIEGEN NIE

So wie eine starke Psyche, eine positive Einstellung, eine gesunde Selbstachtung und ein unbändiger Willen für den Erfolg von Vorteil sind, gibt es auch Einflüsse, die den Misserfolg fördern. Gut, gerade habe ich geschrieben, dass Erfolg nur über Misserfolg funktioniert, aber man sollte den negativen Aspekt eines Spielausgangs nicht überstrapazieren. Wichtig ist, welche Schlüsse man aus einer Niederlage zieht. **Derjenige, der sich infrage stellt und als nicht gut befindet, strahlt das auch aus.** Darüber hinaus zweifeln Zweifler zweifellos ihr Können an. Sie malträtieren ihr Ego so lange, bis sie ihre Schwachstelle gefunden haben. Als ich 14-jährig von den Ärzten gesagt bekam, dass ich mit meinem Körper definitiv kein gesunder erfolgreicher Leichtathlet werden könne, da glaubte ich ihnen – bis zu dem Zeitpunkt, als ich sah, dass die Vollkommenheit nicht existiert. Gäbe es sie, hätten wir den einen richtigen Weg, den einen erfolgreichen Körper oder die eine nötige mentale Stärke. Dann gäbe es keine Alternativen. Es gäbe nur »super« oder »scheiße«.

Aber es gibt langsame Zehnkämpfer, die gut werfen können und es gibt schnelle Mehrkämpfer, die schlecht werfen können. Es gibt kleine, dicke, explosive, es gibt große, schlacksige mit guten Hebeln. Es gibt talentierte Faule und arbeitswütige Bewegungslegastheniker. Sie alle müssen das haben, was sie zu etwas Besonderem macht: Willen und Leidenschaft, dann schaffen sie es weit. Und alle die, die da oben angekommen sind, sind nicht dort oben angekommen, weil sie an sich oder an ihrem Tun zweifeln. Zweifler siegen nicht, weil sie Angst vor Fehlern haben. Und wer auf Fehler wartet, der macht sie zwangsläufig. Der Zweifler verbraucht seine Kräfte für das Lamentieren und Hadern und konzentriert sich nicht auf das, was er eigentlich könnte, sondern auf das, was er unter Umständen besser können müsste. Zweifler finden immer eine Ausrede. Sei es die Fliege im Auge oder die schwachen Beine. Sieger sagen sich, dafür hat man ja zwei Augen und Sieger wissen, dass erst das Überwinden des Schwächeanfalls großes Kino bedeutet.

Ein Zehnkämpfer brach bei der Olympiaqualifikation 30 Meter vor dem Ziel wegen Erschöpfung zusammen. Er rappelte sich wieder auf, und die Beine brachen ihm wieder weg. Die Sekunden vergingen unaufhaltsam und wie von Sinnen zog er sich wieder in die Vertikale, die Sekunden rannen und sein großer Traum Olympia wurde von der ihn übermannenden Milchsäure zerfressen. Zwei Meter vor dem Ziel klatschte er wieder bäuchlings auf die Bahn. Er gab nicht auf, er wollte ins Ziel. Auf allen vieren überquerte er die Ziellinie kriechend und hatte es geschafft! Olympia konnte kommen. So werden Helden gemacht! Wäre er selbstmitleidig liegen geblieben, hätte er den Traum Olympia niemals geschafft. Er zweifelte nicht eine Sekunde daran, dass er das Ziel erreichen würde. Er vereinte all seine (nicht mehr vorhandenen) Kräfte in der Mission »Zielerreichung« und nicht in den Lamentos »Ich armer Kerl«. Ich habe selten so gelacht wie beim Anblick dieser Szene, ich habe selten so gestaunt und selten so eine Zufriedenheit gespürt, einfach aufgrund der Tatsache, dass sich Einsatz lohnt.

▶ **AUFGABE**

Notieren Sie Ihre fünf größten Defizite. Seien Sie ehrlich, selbstkritisch und vollkommen wertfrei.

5. SELBSTERFÜLLENDE PROPHEZEIUNGEN

Das, womit sich Zweifler das Hirn zermartern, ist, dass sie sich ein Problemszenario ausmalen, das dann, oh Wunder, auch wirklich eintritt. »Was passiert, wenn …?« ist die Frage, die sie sich mit Taten selbst beantworten und so entfachen sie einen Strudel, der sie immer weiter in die Tiefe reißt. Bei den Olympischen Spielen 2000 in Sydney wollte ich gewinnen. Sie wissen bereits, ich habe es nicht geschafft. Sie wissen auch, weshalb es mir nicht vergönnt war, meinen Traum vom Gold zu realisieren. Schuld hatte allein mein Kopf. Im Vorfeld der Spiele bahnten sich bereits Schwierigkeiten im Diskuswerfen an. Da ich mich meinem Schicksal nicht ergeben wollte, trainierte ich das Diskuswerfen jeden Tag. Jeden verdammten Tag! Ich wollte Sicherheit haben und musste diese bis zu den Olympischen Spielen erlangen. Mein Problem war aber, dass ich nur warf. Scheibe nehmen, wegschmeißen, Technik reflektieren, Scheibe wieder holen, Scheibe wieder wegwerfen. Jeden

Tag. Ich dachte, irgendwann müsse das doch in Fleisch und Blut übergegangen sein. Aber ich trainierte nicht mit dem Kopf! Einfach stumpf die Scheiben auf 'ne Wiese schleudern reicht für einen 21-Jährigen, der keine Ahnung hat. Für einen 25-Jährigen, der Angst hat, seinen Lebenstraum nicht verwirklichen zu können, müssen andere Geschütze aufgefahren werden. Der kann nicht einfach die Angst verdrängen, viel trainieren und hoffen, dass es gut geht. Der muss sich aktiv mit dem auseinandersetzen, was passieren könnte – und zwar vollkommen angstfrei!

Ich aber hatte eine Mordsangst und vergrub den Diskus bei 33,71 Meter in der Wiese. Ich ging mit diesem Wettkampf in die Annalen ein und schmückte mich bis 2012 mit dem wirklich spektakulären Titel »Schlechtester seines Fachs«. Kein Weltklassezehnkämpfer war im Diskuswerfen bislang schlechter als ich. Ich bin der Schlechteste, den es gibt. Weltweit. Wer kann so etwas von sich behaupten? Das war Scheitern mit Ansage!

▶ **AUFGABE**

Was wollen und was müssen Sie in den nächsten vier Jahren beruflich wie auch privat tun, um aus Ihrer Sicht glücklich und erfolgreich zu sein? Schreiben Sie die fünf Aufgaben auf, die Sie dafür für am wichtigsten halten.

11

FINDEN SIE IHRE ERFOLGSHEBEL

1. OPTIMIST ODER PESSIMIST?

Optimisten haben es im Leben leichter und Pessimisten will keiner zum Freund haben. So die landläufige Meinung. Auf den ersten Blick scheint das auch gut begründbar zu sein, doch bei genauerem Hinsehen sind ein paar Überlegungen angebracht. So wie wir nicht auf Kommando gute Laune haben können, so können wir uns nur bis zu einem gewissen, begrenzten Grad selbst was in die Tasche lügen. Auch wer mies drauf ist, kann nicht einfach durch mentale Umpolung zu guter Laune kommen. Die schon besprochene Grundstimmung ist dabei vonnöten und kann nur durch tägliche Auseinandersetzung erlernt werden.

Das »Jasagen« zu einer bestehenden Situation und das »Jameinen« im gleichen Atemzug machen den *Optimisten* aus, der – wie auch immer geartete – Gegebenheiten angeht und versucht, bestmögliche Lösungen zu finden. Doch der Optimist scheint gern naiv, wenn er immer an das Gute denkt und allzu oft das Gute sieht. Probleme, die auftauchen, sieht er als Herausforderungen, er ergötzt sich an Herausforderungen, die keine Probleme bereiten, und freut sich über das, was funktioniert. Die selbsterfüllende Prophezeiung ist in seinem Fall häufig mit einem positiven Ergebnis verbunden. Aber was, bitte schön, passiert, wenn er einen Fehler macht? Auch Optimisten sind nur Menschen. Sie haben die gleichen Macken und Fehler wie alle anderen und schlagen sich mit all den Unzulänglichkeiten herum, die jeder Miesepeter auch so hasst. Das hat zur Folge, dass selbst der kühnste Optimist eines Tages an den Punkt kommt, an dem er sich sein Ergebnis nicht mehr schönreden kann. Wenn er scheitert und es alle sehen.

Der Optimist kann nicht positiv überrascht werden. Tritt ein positives Ergebnis ein, hat er es in 99 Prozent der Fälle so erwartet. Der Optimist kann also nur negativ überrascht werden! Wenn er ein Ergebnis vorhersagt, natürlich mit einem guten Ausgang, und es tritt (für ihn) wider Erwarten nicht ein, so ist er auf ganzer Linie gescheitert. Nicht nur, dass er seine Fähigkeiten überschätzt oder sein Ziel nicht erreicht hat, nein, er ist zudem noch außerstande, die Zukunft mit all ihren Unwägbarkeiten abzuschätzen.

Der *Pessimist* hingegen rennt zwar immer mit einer Stimmung durch die Gegend, dass alle Reißaus nehmen, aber er will auch gar nicht jedem gefallen. Täte er das nämlich, würde er sich beim Optimisten abschauen, wie man gemocht wird. Er analysiert alles im Vorfeld immer für den Worst Case und erwartet schiere Horrorszenarien. Das ist für sein Umfeld nicht leistungssteigernd und oftmals kommt es zu Konflikten. Diese können aber auch konstruktiv sein, da er Probleme findet, die vorher gar keine waren. Das macht nur die Welt für den Optimisten ein wenig schwieriger, vor allem, wenn er sich dann auch noch vom Pessimisten anhören muss, »Siehste, hab' ich doch gesacht!« Der Pessimist wird also immer positiv überrascht. Entweder hat er mit seiner Schwarzmalerei recht, was ihn freut, oder aber das Ergebnis ist nicht schwarz, sondern dunkelgrau und auch darüber kann er sich schon freuen.

Also, wer kommt besser durchs Leben? Der Optimist, der in 99 Prozent der Fälle enttäuscht wird, oder der Pessimist, der in 99 Prozent der Fälle positiv überrascht wird? Vielleicht beide gleich gut – oder schlecht. Vielleicht gibt es so eine Charaktereigenschaft in ihrer extremsten Ausprägung auch gar nicht. Bei meinen Verletzungen habe ich immer mit dem Schlimmsten gerechnet. Wie oft ich schon Krebs hatte, mein Knie versteifen würde, der Knochen abgestorben war, das hätte für eine große amerikanische Krankenhausserie gereicht. Aber wie oft ich im Gegenzug auch vollkommen überzeugt davon war, dass trotz sich anbahnender Formlosigkeit die Schlacht erst im Ziel entschieden ist, gäbe ebenfalls genug Stoff her für einen Hollywood-Blockbuster.

▶▶ FAZIT

Die Grundstimmung für das, was man tut, sollte positiv sein, das erleichtert die Sache ungemein. So kann der Optimist seine ganze Leidenschaft in das einbringen, was ihm wichtig ist, und sich nachher noch genügend ärgern, wenn es schiefgeht. Der Pessimist wird immer das Schlechte suchen und es auch zwangsläufig finden. Probleme aufwerfen und sie aktiv angehen, das müssen auch Optimisten beherrschen und wenn sie objektiv an ihr Werk gehen, dann werden sie Probleme auch nicht als den Weltuntergang sehen, wie es der Pessimist tut, sondern als Herausforderungen. Und genau dann schlägt die Stunde des Optimisten. Wenn nichts mehr zu gehen scheint, dann beginnt er zu kämpfen und suhlt sich nicht in »Hab ich doch gesagt«-Phrasen. Wenn alles verloren scheint, dann entwickelt sich im Optimisten eine Kraft, die stärker ist als jeder Pessimismus dieser Welt. Amen.

2. GO THE EXTRA MILE

Doch wer signalisiert einem, dass man auf dem richtigen Weg ist? Wenn man falsch herum auf die Autobahn auffährt, kommen irgendwann berechtigte Zweifel, ob man nicht derjenige ist, von dem in der Radiomeldung die Rede war. Wer sich hier unbeirrt auf den Ausspruch »Sieger zweifeln nie, Zweifler siegen nie« beruft, der wird zwangsläufig an seiner eigenen Arroganz und Unreflektiertheit zugrunde gehen. Doch gibt es auf der Autobahn auch Mutproben der besonderen Art, die vollkommen legal und jenseits von Gesetzesübertretungen stattfinden und so außergewöhnlich sind, dass ich dabei Blut und Wasser schwitze: bei einer Autobahnbaustelle links fahren! Das traue ich mir nicht zu. Schon wenn ich nur dieses Schild mit »>2m<« sehe, suche ich die nächste Gelegenheit, mich zwischen zwei Lkw zu klemmen. Das ist ein Riesenstressor bei mir und trotzdem bekomme ich ihn auch nicht mit einer schönen Bewertung der Enge weggedacht. Deshalb fahre ich immer rechts, entspanne mich dabei und bewundere all diejenigen, die den Mut aufbringen, links zu fahren. Nur derjenige, der stur auf die Bahn vor sich schaut, sich auf das fahrerische Können seiner Nachbarn verlässt und davon überzeugt ist, dass sein Auto über die Spiegel maximal 1,99 Meter misst, fährt links. Und die mit dem Dienstwagen, da macht ein abgefahrener Außenspiegel nix aus, und die mit den alten Möhren, die haben nix zu verlieren, und die mit den ganz dicken Karren, die haben genug Kohle für die Beseitigung kleiner Kratzer und die mit einem rechten blinden Augen, die sehen nur, dass links von ihnen keiner fährt. Und die ohne Zweifel. Die sich sagen, genau dafür ist die Fahrbahn da. Damit sie befahren wird. So einfach ist das.

Meine Strategie ist eine ganz andere. Ich bewerte die Situation vollkommen anders. Ich muss nicht links an allen anderen vorbeiprügeln. Ich habe Zeit. Vor allen Dingen im Baustellenbereich. Oder besser gesagt, da nehme ich mir die Zeit, weil es mich beruhigt, wenn ich mich nicht mit Dingen unter Druck setze, die mich stressen. Ich stehe dazu, dass ich mich dort nicht wohl fühle. Deshalb begebe ich mich nicht in diese »Gefahr«. Schlagen Sie mich mit meinen eigenen Worten und halten mir vor, dass ich auch mal über die rote Linie gehen muss, raus aus der Komfortzone! Und dann kommt meine Ausrede, die perfekt scheint, und gegen die Sie kein Mittel haben, ich komme ja aus dem Sport, dort weiß man perfekte Ausreden zu konstruieren: Wofür soll ich das tun? Ich bin kein Rennfahrer, verdiene mein Geld nicht auf vier Rädern und weiß, dass ich in Sachen, die mich wirklich nach vorn bringen, über meine rote Linie gehen kann!

Bringt mich Babyschwimmen eigentlich nach vorn? Ja, in der Disziplin »Bester Vater der Welt« will ich einen Spitzenplatz. Und den bekomme ich bei meinem Sohn, da bin ich nämlich konkurrenzlos gut – obwohl ich einen Vaterschaftstest noch nicht gemacht habe. Egal. Mein Sohn findet mich super. Meistens. Wenn er nicht gerade vor Wut seinen Lolli zerdeppert hat und von mir keinen neuen bekommt, dann nicht, aber wir schweifen ab.

Definieren Sie Ihre Disziplin und dann wissen Sie auch, ob Sie links fahren müssen und das Gaspedal durchdrücken, oder ob Sie rechts fahren wollen, weil Sie niemandem etwas beweisen müssen und »Ihre« Disziplin kennen. Die Disziplin, der Sie mit Leidenschaft, besonderem Interesse und einem richtig guten Gefühl nachgehen. Diese Disziplin muss nicht Ihr täglich Brot sein, diese Disziplin müssen Sie auch nicht perfekt beherrschen, aber dieser Disziplin messen sie aus irgendwelchen erklärlichen oder auch unerklärlichen Gründen besondere Wichtigkeit bei. Und damit kommen wir zur Extrameile: Für diese Disziplin machen Sie Sperenzchen, die Außenstehenden töricht und nicht plausibel erscheinen. Dafür gehen Sie die Extrameile. Die, die man nicht gehen muss, von der man aber weiß, dass sie einen nach vorn bringt.

Diese vermeintliche Zusatzbelastung kann mitunter auch wie ein gutes Training wirken. Der Superkompensation sei Dank können wir uns in Belastungen reinsteigern, die nachher nicht mehr als Belastung, sondern als Aufwärmübung wahrgenommen werden. Ein gewisser Grad an Belastung ist erforderlich, um nicht einzurosten. Natürlich gibt es Menschen, die nicht so belastbar sind, und andere, die Hummeln im Hintern haben. Der mündige »Athlet« muss ein Gespür für seine Belastbarkeit entwickeln und sehen, welche Belastung ihn weiterbringt und ihm Freude bereitet und welche ihm Kraft raubt. Es gibt nämlich auch eine positive Belastung, weit entfernt von Burn-out und Selbstaufgabe.

▶ AUFGABE

1. Bei welchem Vorhaben können Sie Ihre Stärken zu Ihrem Vorteil nutzen?
2. Welches Projekt könnten Ihre Schwächen zum Scheitern bringen?
3. Welche Möglichkeiten haben Sie, dem Scheitern vorzubeugen?

Sich selbst zu überraschen ist schön! Wunderschön! Mit der Extrameile, die man geht, kann man sich selbst überraschen, mit besonderen Leistungen kann man sich selbst überraschen und wenn man für das belohnt wird, was man investiert hat, ist es noch viel schöner. Mit zunehmendem Alter wird es immer schwieriger, sich selbst und vor allen Dingen andere zu überraschen. Die Anerkennung sinkt bekanntlich bei Ablieferung immer gleicher Leistung, weil sie einfach erwartet wird. Man selbst ist auch nicht erstaunt darüber, wenn man es auch im 30. Jahr der Betriebszugehörigkeit geschafft hat, meistens pünktlich zu kommen und die anvertrauten Aufgaben zu erfüllen. Dafür wird man ja bezahlt. Fakt ist auch, dass man nicht das Chaos ausprobieren soll, um endlich wieder mal einen tiefen Seufzer der Erleichterung vom Chef zu erhaschen, weil man nach den desaströsen Fehlern wieder auf den Modus »Akribie« schaltet.

▶▶ FAZIT:

Es ist mit Aufwand verbunden, sich Leistungen abzufordern, die besser sind als der Durchschnitt. Mehr zu machen als nötig kann mitunter wehtun und seinen Zweck verfehlen, wenn man nichts zurückbekommt. Altruistisch sind die wenigsten von uns veranlagt und deshalb wollen wir für unsere Mühen auch entlohnt werden. Irgendwie zumindest. Wir müssen einen Sinn hinter all den Anstrengungen sehen. Sich nicht von seinem Weg abbringen zu lassen und für ein Ziel zu kämpfen, weil es einem wichtig ist, erfordert Kraft, Überzeugung und keine Zweifel an der eigenen Person oder dem eigenen Tun. Es hilft nicht nur dem Sportler, wenn er weiß, dass die vor ihm liegende Zeit anstrengen kann, aber dass sich am Ende das gute Gefühl des Erfolgs einstellen wird und einzig aus diesem Grund strengt er sich an. Er sieht das halb volle Glas. Nur dann bringt er seine 100 Prozent, die ihn einen Wimpernschlag besser machen.

3. WAGEN SIE DEN BLICK ZURÜCK

Wer kennt sie nicht, die Midlife-Crisis? Ist der Lack biologisch mit 30 ab, trifft einen mit 40 die mentale Keule. Was soll jetzt noch kommen? Das Bergfest ist da und so langsam lässt sich das Holz für die Endzeitkiste aussuchen. Vom Bandmaß sind nach all den Strapazen und Sünden des Lebens nur noch ein paar Zentimeter übrig und statistisch gesehen liegt die längste Zeit hinter uns. Lassen Sie uns auf eine Reise in die Vergangenheit gehen. Was war das für ein Leben? Das können nur Sie selbst beantworten. Ich kann Ihnen hier einfach einmal meins im Rückwärtsgang schildern. Vom Jetzt bis zur biologischen Null. Das Leben einmal andersherum.

Ich habe das Manuskript für dieses Buch mit einem tiefen Gefühl der Befriedigung abgegeben, wusste zu diesem Zeitpunkt aber nicht, wie es als Buch aussehen würde. Eigentlich ganz blöd, weil es ein unglaublich schönes Gefühl ist, für etwas zu arbeiten und dann das Resultat zu sehen. Aber ich begebe mich nun fiktiv bis zum Anfang und erwische mich dabei, wie ich mich im Bett herumwälze und mir die Frage stelle, in welchem Stil ich das Buch schreiben möchte. Noch einen Ratgeber, noch einmal ein Buch, in dem alles zusammengestellt wird, was längst bekannt ist? Nein, ich will ja auch Spaß daran haben. Also packe ich ein von Grund auf ernstes Thema mit ein wenig Respektlosigkeit an. Aber natürlich erfinde ich das Rad nicht neu, ich bin kein promovierter wissenschaftlicher Autor und deshalb kostet das Buch auch nicht 20 Euro, sondern 5 Euro weniger. Drehten wir die Zeit zurück, hätte ich Angst vor den schlaflosen Nächten, die mich in eine gewisse Ahnungslosigkeit entließen, weil ich zu Beginn einfach nur naiverweise dachte: »Okay, schreibe ich das ganze Zeug zusammen und gut is'!« Ich habe schon viele Vorträge und Seminare zum Thema gehalten und es wird ein Leichtes sein, das zu Papier zu bringen. Diese Seminare, die mich nun schon seit einigen Jahren begleiten und nach denen ich immer schweißgebadet, ausgepowert und euphorisch nach Hause fahre, weil ich glücklich über ihren Verlauf bin. Aber je weiter wir in die Vergangenheit gehen, desto größer wird die Aufregung vor diesen Auftritten und auch da raubt mir das Lampenfieber einmal mehr den Schlaf.

Ich stelle mich so vielen Herausforderungen, von denen ich ganz genau weiß, wann sie wie auf mich zukommen. Die Geburt meines Kindes dauert

FINDEN SIE IHRE ERFOLGSHEBEL

1
1

17 Stunden. Nachdem wir den Wurm mit Schmackes wieder in meine Frau reingedrückt haben, gehe ich mit ihr immer wieder durch den Krankenhauspark und ihr Gang wird immer aufrechter. Morgens um sechs packe ich sie in unser Auto und wir fahren nach Hause. Dort sehe ich ihr neun Monate beim Abnehmen zu, bis mir eines Tages beim Sex dieses eine Spermium wieder durch die Harnröhre zurück in den Sack flutscht. Ich sauge alle meine 594 Millionen potenziellen Lebensstifter aus ihr raus und lasse keinen Einzigen zurück. So eine Art von Beweisvernichtung hat was. Aber dann beginnt wieder diese Ungewissheit: Können wir ein Kind bekommen? Wir probieren es drei Jahre und nichts passiert. Jedes Mal hoffen wir Optimisten und jedes Mal pessimiert einfach nichts. Grauenvolles Warten. Davor muss ich noch meine Hochzeit abwickeln und es entfährt mir ein glückliches »aJ!«, dass sich anhört, als würde ich endlich erlöst. Dabei will ich das gar nicht!

Zu allem Überfluss entscheide ich mich danach wieder, Sport zu machen und wenn ich da wieder rein müsste, würde ich nur daran denken, dass ich mir die nächsten zehn Jahre ganz übel die Haxen verdrehe, immer wieder. Und ich kenne jede Verletzung. Immer wenn ich mich emotional gerade damit abgefunden habe, dass ich im Rehabilitationstraining bin, dann gibt's einen großen Knall und mir wächst die Muskelfaser wieder zusammen. Der Schmerz ist weg und ich bin fit. Das hingegen ist nicht schlecht. Verletzungen umgekehrt sind gesund. Aber ich trainiere fortan, um schlechter zu werden! Mit jedem Training gebe ich ein bisschen Form ab, bis ich im Herbst am Anfang einer langen Saison stehe. Gut ist natürlich, dass ich mir ab Silvester die Schokolade reinschaufele, als gäbe es kein Morgen. Aber dann taucht da noch etwas Außersportliches auf. Die Bankkaufmannsgehilfenprüfung. Gruselig, ich schwitze aus allen Poren und begebe mich in eine Situation, in der meine Nerven verrückt spielen. Da die Zeit rückwärts rennt, weiß ich nur, dass ich bestehe, aber der Prüfungsstress ist unerträglich. Und dann kommt plötzlich das Unmenschlichste. Ich bewältige acht Stunden am Tag meine Ausbildung, gehe drei Stunden trainieren und absolviere PR-Termine für Sponsoren. Ich war so froh, dass diese Belastung vorbei ist und jetzt ist sie wieder da. Irgendwas läuft hier falsch.

Doch schon bald freue ich mich auf ein Ereignis, welches ich so gern noch einmal erlebt hätte – den Gewinn der olympischen Silbermedaille. Jetzt kann ich ihn erleben, entferne mich aber mit jeder Disziplin ein Stück weiter weg von Silber, hin zu Kreismeisterschaften. Das fiktive Leben kann grausam sein. Ich stehe in einem großen Raum, Dan O'Brien gibt mir die Hand und kennt mich plötzlich nicht mehr. So ein arrogantes Arschloch. Kaum dreht man die Zeit um, weiß er nicht mehr, wer ich bin. Ich fahre aus Atlanta wieder nach Hause und tue alles dafür, meine Freundin loszuwerden. Ich tanze drei Monate um sie herum und mache mich immer mehr zum Deppen, bis sie mich entnervt nicht mal mehr anschaut. Arrogante Ziege. Ich bekomme meine Bewerbungsunterlagen von der Bank zurück und muss feststellen, dass man diese auch zum Portosparen auf keinen Fall knicken sollte. Ich mache es trotzdem. Und dann klebe ich Sparfuchs immer noch zu wenig Porto drauf. Sie haben mich ja ohnehin schon genommen.

Ich robbe bei der Bundeswehr durch den Schlamm und habe das erste Mal seit 15 Jahren der Zeitumkehrung das Gefühl, es ist egal, ob es vorher oder nachher ist. Irgendwie macht es Spaß, so richtig schräge Typen kennenzulernen, aber ein Soldat werde ich nie. Das wusste ich schon immer. Plötzlich stehe ich schon hinter der Abiturprüfung und hole mein Zeugnis nicht ab, weil ich mich auf einem Länderkampf befinde. Dann ärgere ich mich, dass ich im Matheleistungskurs keine 15 Punkte geschrieben habe und gehe mit hochrotem Kopf in die Prüfung, in der ich fünf Stunden wie eine Maschine all mein Wissen vom Papier kratze. Ich gehe aus der Prüfung raus und genieße das gute Gefühl, dass ich wusste, alles zu können und vor nichts Angst zu haben.

In der nun folgenden Schulzeit werde ich im Unterricht in der mündlichen Mitarbeit immer geschwätziger und kämpfe in der Grundschule um die Krone des Klassenstrebers. Der Neid einiger dummer Mitschüler auf meinen Klassensprecherposten wird immer weniger. Im Kindergarten gehöre ich zu den Großen und werde von irgendwelchen noch Größeren mit dem Gefühl konfrontiert, dass es für meine Altersklasse nur Spielchen für Minderbemittelte gibt. Mein Grips wird immer weniger und irgendwann fange ich an, mir in die Buxe zu machen. Dann kann ich nicht mal mehr einen Löffel halten und dann wird mir die flüssige Nahrung in einer Flasche gereicht. (Dieses Stadium wird irgendwann doch wieder auftauchen. Da ist es egal, ob man sich in die Vergangenheit begibt oder irgendwann in der Zukunft ankommt.)

Ich werde mit einem vollkommen deformierten Kopf durch die Bauchdecke in die Gebärmutter gesetzt und stecke zehn Stunden im Geburtskanal fest. Dann verringere ich mein Geburtsgewicht von 4.750 Gramm bis ich nur noch eine winzige Erbse bin und flüchte nach einiger Zeit aus dem Ei, in das ich es geschafft habe. Schwimme mit Millionen von anderen Irren Richtung Dunkelheit und werde mit einem enormen Druck eingesaugt. Mein Leben endet mit dem Orgasmus des Jahrhunderts. Aus meiner Sicht. Das wär's gewesen. Irgendwann 1974 bin ich fertig. Da geht nix mehr.

 **FAZIT**

Das Leben wäre leicht vorhersagbar, im Rückwärtsgang. Irgendwie langweilig. Und vor allem passiert die Wirkung immer vor der Ursache. Ich liege auf der faulen Haut und werde Olympiazweiter, erst dann trainiere ich. Ich kann meine Erfahrungen nicht zu meinem Vorteil nutzen. Ich weiß, dass etwas passiert, und kann nichts dafür oder dagegen tun. Ich reagiere immer nur. Dabei sind es doch die Zweifler, die reagieren. Sieger agieren. Zum Glück ist diese Beschreibung nur fiktiv, ansonsten müsste das vor ihnen liegende Buch heißen: »Mach's dir schwer! Ein Buch für Haderer und Zauderer« Das will doch keiner.

4. WAGEN SIE DEN BLICK IN DIE ZUKUNFT

Wer sich ab einem gewissen Alter fragt, was denn jetzt noch kommen kann, der sieht seine Chancen nicht. Man muss ab 40 nicht mehr unbedingt auf den Mount Everest kriechen, man muss auch nicht mehr sieben Kinder bekommen und acht adoptieren. Kein »middle-ager« muss auf einmal noch Chef werden, oder die Frau verlassen, weil er noch etwas Großes erleben will. Machende middle-ager wissen, dass sie nicht mehr dahin wollen, wo sie herkommen. Sie genießen es, dass sie nun die Früchte ihrer lebenslangen Anstrengungen ernten können. Sie wissen, worauf es ankommt, und machen nicht mehr die Fehler eines Teenagers. Sie sind stolz auf das, was sie sich erarbeitet haben und freuen sich auf die nächsten 40 Jahre. Und wenn sie noch einmal so eine Zeit erleben werden, dann springen sie vielleicht sogar mit Freude in die Kiste.

Dabei kann das Leben nicht mehr so schnell und überraschend weitergehen, da die Weichen gestellt sind, aber ist das nicht gut?! Sie kennen nun ihren Weg und den wollen sie weiter beschreiten und sie genießen jeden einzelnen Tag. Und vielleicht haben sie auch noch 50 Jahre vor sich. Jopi Heesters war mit 40 ein Jungspund, wahrscheinlich fast ein gefühlter Twen. Wer das Leben umkehren wolle, der wisse, wann Schluss sei, er aber habe noch alles in der Hand und da lasse sich noch viel steuern. 40 sei ein schönes Alter. Und eine Aussage des Schauspielers Hannes Jaenicke in einem Interview ermutigt mich, an meinen Ansichten festzuhalten. Angesprochen auf sein Alter von nunmehr 50 Jahren, sagte er sinngemäß, dass sich eigentlich überhaupt nichts verändert habe. Er habe noch immer das Gefühl, jede Menge Zeit zu haben. Dass all das Große noch kommen werde. Wenn man seine Neugier nicht verliere, dann sei Alter ziemlich nebensächlich.

5. LEBE JEDEN TAG SO, ALS SEI ES NICHT DEIN LETZTER

Wer kennt ihn nicht, diesen Ausspruch, dass wir jeden Tag genießen und ihn mit Leben und Inhalt füllen sollten, als gäbe es kein Morgen? Hätten wir die Gewissheit, dass der nächste Tag der letzte wäre, dann hätten selbst Optimisten nichts mehr zu lachen und die einzige Regel, die wir hierzu bemühen können, ist das Prinzip der Selbstverantwortung: Ich bin da, wo ich bin. Das ist gut. Aber (und dieses Aber ist nun nicht die Ausrede eines Zweiflers und Verlierers, sondern der Einwand eines zukunftsplanenden Optimisten) – aber was ich heute investiere, bekomme ich unter Umständen erst morgen in doppelter Münze zurück. Im Guten wie im Schlechten.

Nach dem Grundsatz der Superkompensation müsste ich nicht mehr trainieren, wenn der morgige Tag der letzte wäre, da ich mich ja auf das Jetzt konzentrieren soll. Würde ich morgen nicht mehr als relevant ansehen, würde ich mich unter keinen Umständen mit so belanglosem Zeug wie Training abgeben. Ich würde keine Altersvorsorge vornehmen und ich würde nicht auf meine Ernährung achten. Ich würde all meine Kohle nehmen, alles, aber auch wirklich alles verprassen und dazu ohne schlechtes Gewissen. Ich würde mir erst drei Tafeln Schokolade, dann noch zwei Big-Mac-Maxi-Menüs mit Cola light kaufen. Schlafen muss ich ja nicht mehr und mein Taillenumfang wird sich in dem einen Tag nicht so weit mit Fett unterpolstern, dass es meiner Gesundheit schaden könnte. Und wenn schon, ich lebe jetzt schnell und unter Volldampf, ich fahre nach Las Vegas, setze meine ganze Kohle auf eine Farbe und genieße den Nervenkitzel. Fallschirmspringen für den ultimativen Kick eines Höhenängstlichen würde das Potpourri eines Wahnsinnigen abrunden.

Zeitmanagement bräuchte ich nicht, alles wäre wichtig und alles ist eilig, sehr eilig sogar, also muss ich alles auf einmal machen. Der totale Stress würde meinen Sympathikus reizen und mich an den Rand des Erträglichen bringen. Trotz der positiven Bewertung dieser stressigen Situation würde ich am Abend aus dem letzten Loch pfeifen. Ich wüsste, dass ich noch einen Tag in dieser Intensität nicht überstehen würde und es wäre vollkommen egal. So würde ich leben, wenn es mein letzter Tag wäre – und ich das wüsste. Dann hätte ich am nächsten Tag nichts mehr und stünde wieder da, wo ich am Anfang auch gestanden habe. Mittellos und desillusioniert vor einen ungeordneten Leben, dass sich erst finden muss.

▶▶ FAZIT

Eine anständige Zukunftsplanung ist stets von Vorteil. Das Leben besteht zu einem gewissen Teil aus Sünden und auch der Sportler darf abends mal so richtig feiern und Alkohol trinken. Auch der Sportler darf an einem schlechten Tag mal sagen, dass es heute besser ist, nicht zu trainieren, und auch ein Sportler darf sich einen Big Mac reinhauen. Aber er macht es ganz selten, weil er weiß, was er will, und er eine Mission hat. Nur wenn das Training auf einem soliden Fundament steht, darf auch einmal nicht zielgerichtet leben. Wenn die Ernährung von Grund auf solide ist, dann darf er einen Big Mac essen, aber bitte mit einem guten Gefühl. Er soll diese 500 Kalorien mit Hochgenuss in sich aufsaugen und sich an dem Geschmack erfreuen. Und das geht nur, wenn wir mit Planung leben und die Sünden des Alltags ausgleichen. Und genau dann haben die Sünden des Alltags etwas Magisches.

6. DER MAGISCHE MOMENT

▶ AUFGABE

1. Notieren Sie bitte einen magischen Moment aus Ihrer Vergangenheit.
2. Begründen Sie die Magie dieses Moments.

Wie sieht ein magischer Moment aus? Superlativistisch? Natürlich, sonst wäre er nicht magisch, sondern normal. Mit dem Gewinn der olympischen Silbermedaille habe ich eine Kraft in Gang gesetzt, die einen unbändigen Willen hervorbrachte. Ich hatte irgendwie überraschend den zweiten Platz beim wichtigsten Sportfest der Welt errungen und wollte diesen toppen. Mit 21 Jahren darf das erklärte Ziel der Gewinn der olympischen Goldmedaille sein. Wenn es nicht so wäre, dann hätte ich meine Planung für die sportliche Zukunft beenden und mich den Verlockungen des Lebens hingeben können. Aber ich wollte mehr. Da ich 1996 in diesem unsäglichen Tunnelblick festhing, habe ich von dem, was ich erreicht und erlebt habe, nichts mitbekommen. Es war der schönste Moment meines Lebens und ich war so sehr auf die Arbeit konzentriert, dass ich nicht genossen habe, was da um mich herum und mit mir geschah. Erst sehr viel später, etwa um Weihnachten herum, realisierte ich diesen außergewöhnlichen Moment. Ich wollte ihn noch einmal genießen, dann aber bewusst. Ich habe es nicht geschafft. Ich habe nie mehr gewonnen. Ich habe immer nur dafür gelebt und in Sydney vier Jahre später habe ich vielleicht vor lauter Gucken und Genießen den Sport vergessen.

Erst als der Tscheche Roman Šebrle die 9.000-Punkte-Schallmauer durchbrach, kehrte wieder ein wenig Ruhe ein. Mein wichtiges Ziel, der Erste zu sein, war plötzlich nicht mehr eilig und so konnte ich wieder besser planen und ein gutes Fundament legen. Aber der Körper war so sehr in Mitleidenschaft gezogen worden, dass das Ziel seit Jahren schon nicht mehr sein konnte, der Beste der Welt zu sein, sondern meine unter diesen Umständen vorhandenen Möglichkeiten auszunutzen. Als ich eines Tages wieder einmal verletzt auf einem Campingstuhl einem Wettkampf beiwohnte, dem ich lieber als Athlet meinen Stempel aufgedrückt hätte, kam ein richtig guter Journalist zu mir und sagte: »Herr Busemann, manche Menschen laufen ein ganzes Leben hinter ihrem magischen Moment her, Sie hatten Ihren. Seien Sie froh!« In diesem Moment konnte ich die Schwere und die Wahrheit dieser Worte nicht greifen, aber sie hallten noch lange nach.

Ich hatte diesen magischen Moment. Und sowieso: Wer definiert diesen überhaupt? Wann sind Momente oder Ereignisse zauberhaft? Bei Siegfried und Roy jeden Abend, oder nur für die Zuschauer? Wer sagt mir, wann ich staunen soll? Nur ich selbst! Ich ganz allein habe die Macht, mir ein wenig Kindheit zu erhalten. Aber mit 30 Jahren zieht uns Kohlensäure in Getränken nicht mehr die Socken aus. Irgendwann überlagern Erfahrungen unsere Erwartungshaltung und Erfolgserlebnisse lassen uns zwangsläufig und realistischerweise abstumpfen. Die kindliche Naivität fördert zwar die Möglichkeit des Überraschungsmoments, aber wenn wir den tagtäglich zulassen, lügen wir uns auch vor, dass wir hinter den sieben Bergen leben und die Realität nicht kennen. Trotzdem kann es machbar sein, dass man besonderen Momenten ganz sensibel begegnet. **Der Blick für das Schöne im Leben und das Gespür für das Zauberhafte in scheinbar harmlosen Momenten unterscheiden den Miesepeter von einem Jasager.** Es zählen immer nur Rekorde, Verbesserungen, Neues, noch nicht Dagewesenes und der Blick hinter die rote Linie, aber magisch kann schon sehr viel eher anfangen.

Jahrelang lebte ich in einer Welt der Superlative, wo nur höher, weiter, schneller zählt. Dabei gehört zu Glück und Selbstachtung sehr viel mehr als die Orientierung an absoluten Werten. Was soll ich denn machen, wenn ich körperlich nicht mehr dazu in der Lage bin, der beste Zehnkämpfer der Welt zu werden? Fortan unglücklich und traurig die Tage bis zu meinem Ableben zählen? Auf gar keinen Fall, dafür hat das Leben zu viele Facetten und es gibt nicht nur ein einziges übergeordnetes Lebensziel. Das kann nicht der Sport sein, das kann auch kein Olympiasieg und kein Weltrekord sein. Was würde nämlich passieren, wenn wir dieses selbst gesteckte große Ziel irgendwann erreichen? Feierabend? Fallen wir vor Freude wie vom Blitz getroffen um? Wie sehen die Monate und Jahre danach aus? Grinsen wir nur noch blöd vor uns hin, bleiben den ganzen Tag im Bett liegen, lassen uns das Essen servieren, die Zeitung vorlesen und haben unseren Ehrgeiz abgegeben, weil wir alles erreicht haben, was wir uns vorgenommen hatten?

Das würde die Sache einfach machen. (Aber es sei ihnen versichert: Bei den Pflegekosten heutzutage reicht die Kohle eines Olympiasiegers gerade mal bis 40.)

Wir müssen die Kleinigkeiten des Alltags als etwas Besonderes identifizieren. Natürlich müssen wir Träume haben, aber wir dürfen nicht das wahre Leben vergessen. »Im Kampf um das Unerreichbare verliert alles Erreichte seinen Glanz«, stand einmal im Stern. Und so werden die Schilderungen magischer Momente weit auseinandergehen. Für den einen ist es die Geburt seines Kindes, für den anderen der erste Arbeitsvertrag, für den Dritten sechs Richtige im Lotto. Genau diese Ereignisse sind für andere wieder die totalen Stressoren. Mit dem Kind wurde das Leben plötzlich unfreier, der Arbeitsvertrag war der Anfang von Stress, Mobbing und Ausbeutung und bei dem blöden Lottoschein fehlte diese verdammte Superzahl! Es können aber auch ganz andere Momente sein. Ein leckeres Essen bei Kerzenschein, der Blick der eigenen Frau, das schöne Wetter, der Frühling, Schnee im Winter, die 1:12 Niederlage beim Fußball, weil das eine Tor für das Nichtaufgeben steht. Wir müssen es nur erkennen. Wir müssen den magischen Moment identifizieren und ihm die Bedeutung zumessen, die er verdient hat. Und plötzlich können wir vielen Situationen etwas Gutes abgewinnen. Da kommt er wieder, der Optimist. Das hat zwangsläufig etwas mit Sensibilisierung zu tun und weniger mit Verblendung und Naivität. Natürlich ist das kein Freifahrtschein dafür, aus jedem Desaster etwas Positives zu ziehen, weil man die Begründung hat, das genau dieser Rückschlag hilfreich für die Zukunft sein wird. Wenn die Rückschläge nämlich auf einmal sexy werden – ja dann, gute Nacht.

Aus diesem Grund denke ich mit einem richtig guten Gefühl an meinen Sport zurück. Erwiesenermaßen, und davon zeugen die Kerben in meinem Knochen und Muskeln, war ich oft verletzt, aber ich habe es mir abgewöhnt, die Vergangenheit als schlecht zu bewerten. Es ändert nichts daran, wie es war, und wenn wir ehrlich zu uns sind, überwiegen die magischen Momente – wenn man sie erkennt und zulässt.

FINDEN SIE IHRE ERFOLGSHEBEL

11

12

WER ERFOLG WILL, WIRD ERFOLG HABEN

1. SCHWÄCHEN KANN MAN KOMPENSIEREN

Ich möchte Ihnen so kurz vor dem Ende der Lektüre nicht die gute Laune verderben und mit irgendwelchen Horrormärchen die Wichtigkeit engagierten Handelns untergraben. Dass es Perfektion nicht gibt und eigentlich auch nicht geben kann, haben wir hinlänglich auseinanderklamüsert, trotzdem schaffen wir es, uns Dingen hinzugeben, die uns wichtig erscheinen. Aufgrund unserer besonderen Begabung und der erkannten Relevanz für unsere Belange, streben wir nach etwas, das uns abends zufrieden zu Bett gehen lässt. Doch was geschieht, wenn uns jemand einen wichtigen Baustein aus unserem Lebensgerüst zieht? Stürzt der Turm dann ein und wir gehen zugrunde? Wohl kaum. Dass man mit Rückschlägen umgehen können muss, liegt in der Natur des Erfolgs. Keiner mag Rückschläge wirklich, dennoch sieht man in genau diesen Ereignissen, wer ein Gewinner ist und wer ein Verlierer. Kleine Rückschläge, die vereinzelt auftreten, werden von Siegern oder Jasagern gar nicht beachtet, aber für Pessimisten oder »Hab-ich-doch-gesagt«-Sager sind diese kleinen Probleme schon relativ groß.

Auch hier geht es um die Bewertung einer Situation. Treten diese kleinen Probleme immer häufiger auf und fühlen sie sich an wie kleine Nadelstiche, dann können sie uns das Leben mitunter schwer machen. Angenehmer in der Langzeitwirkung ist da vielleicht das große Problem. Einmal so richtig eins auf die Fresse und weiter geht's. Die Pessimisten haben's bis hierhin gar nicht geschafft und die Optimisten lassen sich in zwei Lager aufteilen. Den Siegeroptimisten und den Verliereroptimisten. Klaut man Letzterem in seinem Lebenskonstrukt einen Baustein, dann kommt er trotz seiner positiven Lebenseinstellung ins Taumeln und fällt. Der Siegeroptimist taumelt, bemitleidet sich kurz, fällt knallhart zu Boden und rappelt sich auf. Schwer angeschlagen und ohne den Hauch einer Chance sucht er eine Chance. Er sucht eine Lösung. Er hat es nicht so weit gebracht, damit ihm ein einziger fehlender Baustein seinen Turm zerstört. Ich wollte so ein Siegeroptimist sein.

Irgendwann rissen mir bei einem Speerwurf diverse Muskeln und Sehnen. Der Arm war fortan labil und hielt der Speerwurfbelastung nicht mehr stand. Ich war verzweifelt. Beinahe hätte mich der Pessimismus geschlagen, aber mir gelang dank einer kleinen Rechnung die Flucht. Fortan konnte ich zehn

Prozent meines geliebten Zehnkampfs nicht mehr ausüben. Ein Zehntel zerstörte mir doch nicht das, was ich am meisten liebte, nämlich meinen Sport! Mit neun Disziplinen ließ sich kein Wettkampf mehr gewinnen, aber wer entschied, dass es neun bleiben sollten? Ich hatte das Talent, mit dem linken Arm sehr weit werfen zu können und der war jetzt kaputt. Aber ich hatte noch einen rechten Arm, mit dem ich kaum werfen konnte, aber einen Kopf, der einen unbändigen Willen hatte, das Unmögliche zu versuchen. Wenn ich unter dem Strich zwanzig bis dreißig Prozent weniger warf als mit dem starken linken Arm, dann hatte ich im Gesamtresultat eine Einbuße von zwei bis drei Prozent!

Zwei bis drei Prozent sind im Spitzensport unglaublich viel, aber ein Leben ohne Sport war zu diesem Zeitpunkt quasi unvorstellbar. Und so erschienen mir die zwei bis drei Prozent ausreichend, um es zu probieren und mit der mir gegebenen Leidenschaft zu kämpfen. Außerdem bekommt man außer Mitleid auch noch eine unglaubliche Bewunderung entgegengebracht. Nur diejenigen, die dachten, dass ich mit meiner anfänglichen 27-Meter-Schleuder mal die Silbermedaille im olympischen Zehnkampf geholt habe, wunderten sich und suchten die Überfliegerdisziplin, die alles rausriss. Leider steckten in meinem rechten Arm die Gene des Verliereroptimisten und es war nicht so leicht, wie ich mir das zu Beginn eingebildet hatte. Dennoch machte ich (mühsam) Fortschritte, die nachher sogar fast Spaß machten – und ich konnte weitermachen.

Zwar würde es nie mehr für die 9.000 Punkte reichen, aber eine internationale Medaille wäre trotzdem im Bereich des Möglichen gewesen. Und »wäre« ist nicht »hätte, wenn und aber«.

> > **FAZIT**
>
> Selbst mit Rückschlägen, die uns im ersten Moment die Luft zum Atmen nehmen, können wir zurechtkommen. Bereits existierende oder neu auftretende Schwächen sollten immer ins Verhältnis zum Gesamtbild gesetzt und nicht leichtfertig als K.-o.-Kriterium gesehen werden. Natürlich sind drei Prozent mitunter viel, aber eher macht ein Unternehmen eine Abteilung dicht, als dass der Gesamtkonzern abgewickelt wird. Natürlich schnürt der Freizeitsportler auch nach dem 40. Geburtstag noch seine Sportschuhe, obwohl der Leistungsabfall in den letzten Jahren größer als drei Prozent war und selbstverständlich steigt die Goldene Hochzeit, auch wenn von hundert Gästen drei nicht kommen. Wer sich in eine Sache verliebt hat oder sie für sich als wichtig definiert, der kämpft dafür.

2. WAS IST ERFOLG?

Laut Duden ist Erfolg ein »positives Ergebnis einer Bemühung«. Aha. Hätten wir das auch geklärt und können uns dem nächsten Punkt zuwenden. Doch stopp! So einfach ist das nicht. Am besten setzen wir uns also ein Ziel, das nicht so richtig schwer zu erreichen ist, schaffen es und sind glücklich und zufrieden. Der Sport macht das aber schon alles zunichte. Gewonnen hat scheinbar immer nur der Erste, schon der Zweite ist der erste Verlierer und solche Bilder spiegeln manche Siegerehrungen auch wider. Der Sieger triumphiert und reckt die Arme nach oben, weil er vielleicht »nur eine Medaille gewinnen« wollte, der Zweite wollte eigentlich gewinnen und steht vollkommen bedröppelt mit dem Silbertaler da und der Dritte wollte eigentlich Zweiter werden und fühlt sich wie der Zweite. Und wenn's ganz dicke kommt, hat der Erste damit gerechnet, ganz oben zu stehen, hat aber den Weltrekord verfehlt und grinst auch nur des Anstands wegen. Also Katerstimmung bei der Siegerzeremonie. Aber meistens ist es ja zum Glück ganz anders. Wir sehen freudig erregte Sportler, die die Glückwünsche der Honoratioren entgegennehmen. Vielleicht freut sich der Vierte sogar, weil er niemals damit gerechnet hat, so weit vorn platziert zu sein. Der bekommt aber schon keinen Blumenstrauß mehr – ist auch besser so, die anderen schmeißen den ohnehin ins Publikum, weil er die Heimreise nicht überstehen würde.

Ich dachte immer, dass es vielleicht besser sei, wenn sie mir die Kohle für den Blumenstrauß im Umschlag überreichen. Aber dann hieße das Prozedere nicht »Flower Ceremony« sondern »Money Ceremony« und alle würden denken, dass da 50 Mille drin seien und nicht der Zwanni für die Blumen. Aber wären 20 Euro im Umschlag ein Erfolg? Für den einen schon, für den anderen nicht. Der eine macht Erfolg an seinen Zielsetzungen fest, der andere an der Dicke seines Bankkontos, der Dritte nimmt noch einen Schluck Doppelherz, weil er die Geburt seines Ururenkels erleben will, während sich der Vierte mit dem Abgleich seiner Ziele im Gesamtklassement einsortiert. Obwohl nach SMARTer Zielsetzung ein Vergleich eigentlich unangebracht ist – aber wir erwischen uns immer wieder dabei und nicht nur im Sport. Und das ist auch gut so, wir müssen schließlich wissen, was da draußen verlangt wird. Es wäre ja blöd, sich als Lebensziel die Erstbesteigung der Recklinghäuser Kohlenhalde zu setzen, um dann feststellen zu müssen, dass da schon Etliche vor uns darauf waren und im Winter sogar Zweijährige mit Schlitten.

Wir setzen den Erfolg in Beziehung zu unserem Talent, zu unseren Erfahrungen und zu unserer Entwicklung und verfolgen ein Ziel, das uns wichtig und attraktiv erscheint. Erfolgreich ist der, der seine Ziele angeht und umsetzt. Nur die wenigsten gewinnen, um genau zu sein immer nur einer, aber um ganz genau zu sein – dazu in der Lage sind sehr viel mehr. Nämlich alle, die sich nicht hängen lassen. Nicht nur im Sport kann es vorkommen, dass wir ein Feld beobachten, in dem am Ende des Tages jeder glücklich ist, weil er sein Potenzial optimal ausgenutzt und realistisch verträumt seine Ziele erreicht hat. Diesen Zustand der weltumspannenden Glückseligkeit wird es zwar nicht geben, da Theorie nicht Praxis ist und es immer einen gibt, der eigentlich mehr haben will, als er kann, aber es ist möglich. Man kann dann glücklich sein, wenn man seine individuellen Möglichkeiten richtig erkannt, sie in ein Ziel verpackt und dann auch noch eine gute Umsetzung vollzogen hat.

Dann ist man erfolgreich und zufrieden mit dem, was man geleistet hat – um dann neue Ziele zu entwickeln.

3. WEG DES ERFOLGS

Wer sich Ziele steckt, die er für attraktiv und verfolgenswert hält, der setzt sich diese Ziele außerhalb seiner Komfortzone. So wie die Blume wachsen muss, so wie wir die (positiven) Überraschungen mögen und so wie Unbekanntes seinen Reiz hat, so sehr streben wir nach dem nicht Dagewesenen. Und das bekommen wir nicht geschenkt.

ERFOLG ERFORDERT EINSATZ

Es erfordert unser Zutun und unseren Einsatz, die erklärten Ziele zu erreichen und Erfolge feiern zu können. Jeder Tag verlangt von Neuem unseren Einsatz, ganz gleich ob zur Umsetzung unserer Ziele oder aber nur zur Überbrückung eines Wegs, der gern als Ziel bezeichnet wird. Diesen Satz »Der Weg ist das Ziel« habe ich als Sportler übrigens nie verstanden. Ich trainiere doch nicht, weil ich trainieren will. Ich trainiere für den Wettkampf. Klar wollte ich dafür trainieren, aber der Weg kam mir dann doch eher als notwendiges Übel vor, das eben untrennbar mit dem Wettkampf verknüpft ist. Aber jetzt, im weisen Alter des postsportalen Athletikrentners, da geht mir jeden Tag ein Licht auf, wenn ich mein Bandmaß in der Hand halte, sehe, wie viel vorn schon fehlt und sehe, wie viel mir hinten noch bleibt. Wenn das letzte Stück erreicht ist, dann muss man sagen können, dass es schön war, dann macht man sein Leben nicht an dem einen Ziel fest, dass irgendwann mal erreicht wurde oder auch nicht. Dann muss man zurückblicken und sagen einfach nur: »Schön war's!«

EINSATZ STRENGT AN

Wer für seine Ziele und seinen Erfolg Einsatz zeigt, kann nicht leugnen, dass das anstrengt. Wenn es nämlich nicht anstrengen würde, dann wäre jeder absolut erfolgreich, aber der eine gewinnt und der andere verliert. Und derjenige, der trotz Platzierung im Mittelfeld gewonnen hat, der hat mit unermüdlichem Einsatz dafür gekämpft, seine Talente optimal zu entfalten. Er hat sein ganz persönliches Ziel erreicht und ist zufrieden, obwohl er für diesen Moment nicht aus der Masse hervorsticht. Diese Anstrengung, die für den individuellen Erfolg vonnöten ist, kann ein gutes Gefühl vermitteln, da man sich sicher sein kann, dass man das Bestmögliche aus sich herausgeholt hat. Würde der Einsatz nicht anstrengen, gäbe man vorsätzlich nicht sein Bestes und das bringt weder Erfolg noch Zufriedenheit.

ANSTRENGUNG GEHT VORÜBER

All diejenigen, die auf sich aufpassen, in einem ausgewogenen Verhältnis von Anspannung und Entspannung leben und es schaffen, Bewegungs- und Erholungsinseln zu setzen, dabei noch dem Stress gegenüber resistent sind und für sich schöne Dinge entdeckt haben, die sie außerhalb des Erfolgsstrebens beglücken, denen sei versichert, dass Anstrengung vorübergehen kann. Als ich im Ziel des Zehnkampfs von Altanta lag, da war ich hauptsächlich froh, dass ich nicht mehr laufen musste. Die Anstrengung war größer als die Freude über den zweiten Platz. Ich legte mich auf die Bahn und wollte nur noch schlafen. Ich gab mich meiner Erschöpfung hin und war froh, dass nun endlich alles geschafft war. Irgendwelche Ärzte redeten wirr in einer mir nicht verständlichen Sprache auf mich ein und ich hätte es als perfekteste Errungenschaft dieser zwei Tage angesehen, wenn sie mir ein Kopfkissen gebracht und die Klappe gehalten hätten. Da sie das Stadion noch für andere Wettbewerbe brauchten, schleppten sie mich von der Bahn und brachten mich zum Arzt. So willenlos war ich selten. Der Mehrkämpfer am Ziel seiner Träume! Ausgepowert und zufrieden.

Nach einer Stunde lag ich da aber immer noch herum. Die ließen mich einfach nicht gehen. Ich bat eine Funktionärin, meinen Vater zu suchen, weil ich gleich zur Siegerehrung musste und der mich seit mittlerweile 60 Minuten im ganzen Stadion suchte. Er hatte nur gesehen, wie sie mich von der Bahn trugen und das sah nicht gut aus. Schweißgebadet und mit hochrotem Kopf beggneten sich Funktionärin und Vater Busemann in den Katakomben: »Boah, Franz Josef, gut, dass du da bist, der Frank, der will dich noch mal sehen!« Panik bei Franz Josef, Auftrag ausgeführt vonseiten der Funktionärin. Sie wusste, gleich geht's zur Siegerehrung, er dachte, gleich werde ich in einen Plastiksack verpackt. Aber auch dieser Schock geht vorüber.

ERFOLG BLEIBT

Der erkämpfte Erfolg bleibt im Kopf wie ein unauslöschliches Mal. Das heißt nicht, dass man sich auf ihm ausruhen kann und bis zur Rente sagt, dass man ein Guter sei, man habe das ja schon einmal gezeigt. Vielmehr wissen wir in schlechten Zeiten, was wir zu leisten imstande sind, und bringen so die Energie auf, das Pendel wieder auf die positive Seite schwingen zu lassen. Zudem haben wir eine Expertise errungen, die eine Ansage nach außen darstellt. Erst wer seine Fähigkeiten gezeigt hat, ganz gleich, ob es der erste, zweite, dritte oder achtundfünfzigste Platz ist, wenn es authentisch, mit vollem Einsatz und einer Leidenschaft geschehen ist, von der man ablesen kann, »Auf den können wir uns verlassen«, dann wird dieses Commitment viel mehr wert sein, als man glaubt. Außerdem ist es gut fürs Selbstwertgefühl, wenn man weiß, dass man schon einmal gezeigt hat, was man kann. Man kann seine Hebel auf »Erfolg« stellen.

4. AUFGEBEN GILT NICHT

Wer kennt es nicht, das Gefühl, ganz unten zu sein? Wenn zeitweise alles danebengeht und nichts gelingen mag, dann verflucht man den Misserfolg. Aber in diesen Situationen erkennt man auch den wirklich Erfolgreichen. Man erkennt ihn nicht an ersten und zweiten Plätzen, man erkennt ihn daran, wie schnell er sich wieder aufrappelt und weitermacht.

Trotz meiner diversen Verletzungen wollte ich mir die Chance »Olympische Spiele« wollte nicht entgehen lassen und holte das Maximum aus meinem Körper heraus. Ich habe irgendwann gemerkt, dass darin Potenziale schlummerten, die ich zeigen wollte. Als Sportler wusste ich auch, dass der Abruf solcher Fähigkeiten mit einer biologischen Halbwertzeit ausgestattet ist. Wenn ich mit 35 Jahren feststellen muss, dass ich zwar die Fähigkeiten gehabt hätte, etwas Großes zu leisten, aber mein Kopf zu der Zeit nicht gewollt hätte, wäre ich meines Lebens nicht mehr froh geworden. Ich kann mir zum Glück nicht vorwerfen, dass ich eine Chance habe vorbeiziehen lassen, ohne versucht zu haben, sie zu nutzen. Daher kann ich auch behaupten, dass ich niemals aufgegeben habe und so lange und so oft gekämpft habe, wie es in meiner Macht stand. Ich habe mein Lebensziel, der Beste der Welt zu werden, nicht erreicht, dennoch stehe ich erhobenen Hauptes da und sage, »Ja, es hat sich gelohnt und ich würde es wieder so machen, weil es einfach schön war, die eigenen Grenzen zu erkunden!«

▶▶ FAZIT

Wenn man sich aufgibt, nicht alles versucht und probiert, nicht alles in seiner Macht Stehende rauslässt und seine Potenziale nicht frei entfaltet, dann wird man irgendwann erkennen müssen, dass man damit einen großen Fehler begangen hat. Es ist sinnvoll, sich als Mehrkämpfer zu sehen, um in all seinen individuellen Bereichen das maximal Mögliche herauszuholen. Von Vorteil ist, eine Leistungsbereitschaft zu zeigen, die den eigenen Ansprüchen genügt, und Kompetenz und Willen nach außen signalisiert. Zu diesem Zweck kann eine Neugierde hilfreich sein, die es vereinfacht, sich mit neuen und alten Dingen auseinanderzusetzen. Kaum jemand wird zehn Disziplinen auf einmal gleichermaßen gut beherrschen. Dennoch kann man sich seiner Stärken bewusst sein und seine Schwächen erträglich halten, indem man keine Angst vor ihnen hat. Um Enttäuschungen vorzubeugen, sollten Einschätzungen und Zieldefinitionen korrekt und dem eigenen Leistungsvermögen angepasst sein. Darüber hinaus kann es hilfreich sein, den magischen Moment zu erkennen, der immer wieder das Besondere im Leben widerspiegelt. Wer all das beherzigt, kann nicht verlieren. Nur wer aufgibt, hat verloren!

▶ AUFGABE

Entwickeln Sie Ihre eigenen Vision:
1. Nennen Sie drei Punkte, die Sie täglich umsetzen wollen. (Training)
2. Nennen Sie zwei Punkte, die Sie mittelfristig verbessern wollen. (Wettkampf)
3. Nennen Sie einen Punkt, den Sie langfristig perfektionieren wollen. (Meisterschaft)

Leiten Sie daraus eine Vision ab, die es wert ist, gelebt und verteidigt zu werden. Besinnen Sie sich auf die erlernten Kriterien der Zielsetzung und der Formulierung unter Einbeziehung Ihrer ganz persönlichen Potenziale und Fähigkeiten. Gehen Sie selbstbewusst zu Werke, über- und unterschätzen Sie sich nicht, aktivieren Sie momentan nicht genutzte Erfolgsbringer, also Dinge, die sie motivieren, und vor allem: Lieben Sie Ihr Leben!

... UND ZUM SCHLUSS: ZEHN TIPPS FÜR MEHR POWER

1. Erst sind Änderungen kopfgesteuert, dann müssen sie täglich umgesetzt werden, bis sie sich verselbstständigen und im Unterbewusstsein implementiert werden.

2. Suchen Sie mit Eigenengagement kreative Wege zur Verbesserung. Nur wer für sich eine egoistische Relevanz entdeckt hat, der wird sein Ziel auch angehen.

3. Für langfristige Änderungen bedarf es steten, gut dosierten Trainings. Rückschläge gehören dazu und können einen starken Willen nicht brechen.

4. Entdecken Sie, welches Training das individuell Beste ist. Das fördert die Neugier und veranlasst dazu, die Komfortzone immer wieder zu verlassen.

5. Wer will, der kann, wer nicht will, der findet immer eine Ausrede. Realistische Teilziele helfen bei der Aufrechterhaltung der Motivation.

6. Wer sich selbst (im Sinne von Gesunderhaltung) wichtig nimmt, der kann über Grenzen gehen und der wird über Grenzen gehen.

7. Jede Aktivität geht langfristig an Überforderung zugrunde. Daher muss jeder sein Limit kennen oder es durch Training an die Anforderung anpassen.

8. Jegliche Umstellung fest eingefahrener Muster scheitert langfristig, wenn innerer Zwang als Antriebskraft dienen soll. Wille und Motivation müssen größer sein als der erwartete Aufwand.

9. Nur wer von dem überzeugt ist, was er tut, wird erfolgreich etwas ändern können. Der wird den Moment mögen und einen Plan für die Zukunft haben.

10. Niemand sollte sich als talentfrei ansehen. Manchmal bedarf es einiger Anstrengungen, um eigene Stärken erkennen und auch nutzen zu können.

»STÄRKE WÄCHST NICHT AUS KÖRPERLICHER KRAFT – VIELMEHR AUS UNBEUGSAMEM WILLEN.«
MAHATMA GANDHI

In dem Sinne wünsche ich Ihnen viel Erfolg für die Zukunft, alles Gute und wie Sie sehen steckt sehr viel mehr (Zehn-)Kämpfer in Ihnen, als Sie vielleicht bislang geglaubt haben!

DANKE

Ich danke all denjenigen, die zur Entstehung dieses Buchs beigetragen haben – und das waren viele! Jeder Mensch, der mir in meinem bisherigen Leben begegnet ist, kann einen Beitrag dazu geleistet haben, ohne dass es ihm bewusst ist. Diese offene Art des Fremdlernens begleitet mich hoffentlich noch ein Leben lang, sodass ich auch weiterhin immer wieder überrascht werde.

Für all die namentlich nicht Genannten, die meinen Weg säumten, möchte ich stellvertretend meiner lieben Frau Katrin danken, die mir das Leben lebenswerter macht, als ich es mir je vorstellen konnte. Darüber hinaus danke ich meinen Kindern Lucas, Anton und Maya, dir mir mit ihrem Lachen und ihrer wunderbaren liebenswerten Art immer wieder die wahren Werte des Lebens vor Augen führen.

Ich danke Dr. Wolf Lasko und Peter Busch, die mir durch unsere Zusammenarbeit einen Weg ebneten, den ich ursprünglich nicht in mein Lebenskalkül einbezogen hatte. Auch die Seminare mit Lukas Högger waren wunderbar und bringen nicht nur die Teilnehmer weiter. Besten Dank auch an Prof. Dr. Matthias Köhler und sein Team, für den engen Austausch während meiner Zeit in Damp. Zu guter Letzt noch ein Dankeschön an all jene, denen ich eine Weisheit gemopst habe, ohne dass sie wussten, dass es eine Weisheit war.

Mein Dank geht ferner an Arnd Rüskamp, der mit seiner Neugier für das Leben begeistert und an Steffi und Karsten Kordus, die mit akribischer Hingabe immer ein offenes Ohr haben.

Ich freue mich auf die noch verbleibende Zeit in meinem Leben und spreche eine Warnung aus: Falls wir uns einmal begegnen sollten, nehmen Sie sich in Acht, denn ich lerne von Ihnen!

LITERATURTIPPS

Die folgenden Titel möchte ich Ihnen gern mit auf den Weg geben, da Sie mich sowohl beim Schreiben als auch für mein persönliches Leben inspiriert haben.

_Bankhofer, Hademar/Großmann, Peter: Naturdoping. Fit ohne fiese Tricks, Bergisch Gladbach 2009

_Burka, Jane B./Yuen, Lenora M.: Procrastination. Why you do it, what to do about it now, Cambridge 2008

_Busemann, Frank: Aufgeben gilt nicht, Köln 2003

_Ernst, Heiko: Das gute Leben. Der ehrliche Weg zum Glück, München 2003

_Franke, Stéphane: Fitness à la Carte: Sport-Stars und ihr Lieblingsgericht. Rezepte vom Sterne-Koch Frank Rosin. Ernährung von A–Z, Pfaffenweiler 2004

_Knaus, William J.: Do it now! Break the procrastination habit, New York 1997

_Lasko, Wolf/Busemann, Frank/Busch, Peter: Zehnkampf-Power für Manager: Wie Sie die Erfolgsprinzipien für sich und ihr Business nutzen., Wiesbaden 2005

_Lasko, Wolf: Motivation und Begeisterung. Entdecken und aktivieren Sie Ihre Talente!, Wiesbaden 2001

_Löhr, Jörg/Pramann, Ulrich: So haben Sie Erfolg, München 1999

_Löhr, Jörg/Pramann, Ulrich: Einfach mehr vom Leben: Anleitung für Glück und Erfolg, München 2000

_Marquardt, Matthias/Gustafsson, Björn/Loeffelholz, Christian von: Die Lauf bibel. Das Basiswerk für gesundes Laufen, Hamburg 2007

_Marquardt, Matthias: Warum Laufen erfolgreich macht und Grünkernbratlinge nicht. Gesund, glücklich und erfolgreich mit dem 16-Wochen-Programm von natural running, Hamburg 2007

_Pajonk, Dr. Dirk A.: Entspannt gewinnt. Der Aktivplan vom Arzt, Zehnkämpfer und Stress-Coach, Hamburg 2005

_Passig, Kathrin/Lobo, Sascha: Dinge geregelt kriegen – ohne einen Funken Selbstdisziplin, Berlin 2008

_Robbins, Anthony: Das Robbins Power Prinzip, Berlin 2004

_Seiwert, Lothar J.: Wenn du es eilig hast, gehe langsam. Mehr Zeit in einer beschleunigten Welt, Frankfurt 2003